图1 四名妇女在挂着"拯救北美红杉"横幅的汽车前摆好姿势留影。(耶鲁大学西部美国典藏部,洪堡县彼得·帕姆奎斯特作品集)

图2 拯救北美红杉联盟首次集会(加州大学伯克利分校,班克罗夫特图书馆,拯救北美红杉联盟影集,编号 BANC PIC 2006.030-B)

图3 加州北美红杉森林里的伐木工人（洪堡州立大学图书馆，埃里克森作品集，1999.02.0337）

图4 传统的尤罗克人房屋（洪堡州立大学图书馆，帕姆奎斯特作品集，2003.01.3304）

图5 长有树瘤的北美红杉，位于离公路不远处（洪堡州立大学图书馆，帕姆奎斯特作品集，2003.01.1731）

图 6　1990 年，朱迪·巴里（左）和达里尔·切尔尼（中）在名为"北美红杉之夏"的抗议活动现场（《尤凯亚日报》提供）

图 7　1977 年，"与美国对话"车队的伐木工人用卡车运到华盛顿特区的巨型花生木雕，位于奥里克的海滨熟食市场外（大卫·A. 鲍曼，《美国户外旅行》影集）

图 8 纪念"与美国对话"车队的日历（大卫·A. 鲍曼，《美国户外旅行》影集）

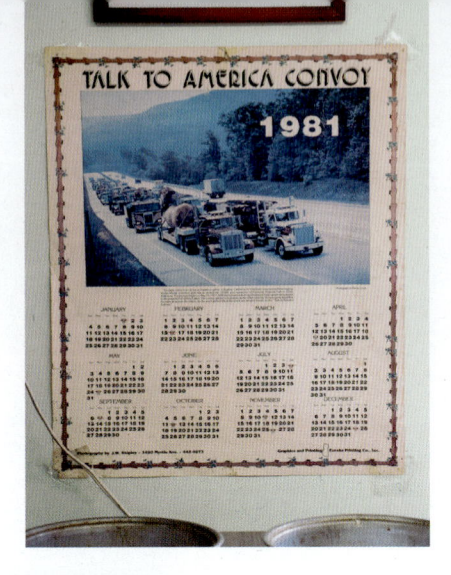

图 9 北美红杉国家及州立公园内，一棵北美红杉上留下的链锯痕迹（大卫·A. 鲍曼，《美国户外旅行》影集）

图 10　奥里克小镇外面的隐世海滩上，被砍去一部分的原木（林赛·布尔贡）

图 11　普雷斯顿·泰勒在北美红杉溪附近发现的盗伐点（国家公园管理局提供）

图12 北美红杉国家公园及州立公园的护林员在梅溪一处盗伐点进行测量（国家公园管理局提供）

图 13　国家公园管理局的护林员藏于北美红杉枝叶间的相机（巴拉兹·格尔迪）

图 14　北美红杉国家及州立公园的护林员布兰登·佩罗在奥里克附近的海滩上眺望（巴拉兹·格尔迪）

图 15　在奥里克树瘤商店里存放的北美红杉树瘤厚片（巴拉兹·格尔迪）

图 16　德里克·休斯用北美红杉树瘤制作的木碗（德里克·休斯）

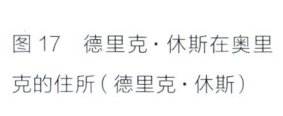

图 17　德里克·休斯在奥里克的住所（德里克·休斯）

图 18　丹尼·加西亚和他的女儿（丹尼·加西亚）

图 19　秘鲁钦巴达斯湖岸边，盗伐者藏匿的准备运输的木材（林赛·布尔贡）

图 20　秘鲁因菲耶诺特许保护地，四处龙凤檀盗伐点之一（林赛·布尔贡）

图 21　被盗伐的龙凤檀树桩上覆盖着干枯的棕榈叶（林赛·布尔贡）

图 22　秘鲁埃尔纳兰哈尔社区，正在巡逻的护林员（林赛·布尔贡）

图 23　埃尔纳兰哈尔社区外，非法砍伐后的土地变成了农业用地（林赛·布尔贡）

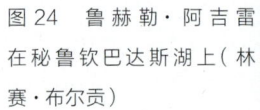

图 24　鲁赫勒·阿吉雷在秘鲁钦巴达斯湖上（林赛·布尔贡）

图 25 来自木材标本馆的样本，将被纳入法医实验室的木材数据库（林赛·布尔贡）

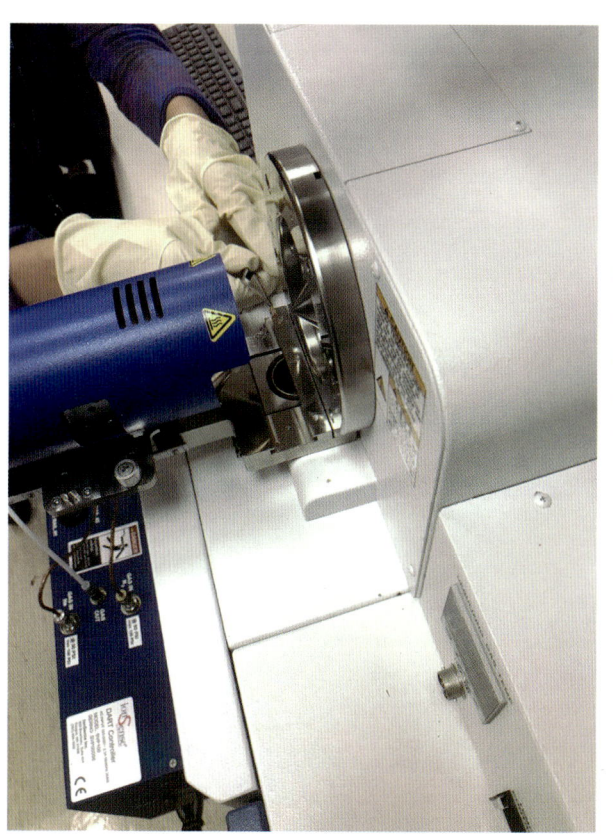

图 26 埃德·埃斯皮诺萨领导的"寻木追踪"团队的一名化学家正在将木屑放入实时直接分析质谱仪（林赛·布尔贡）

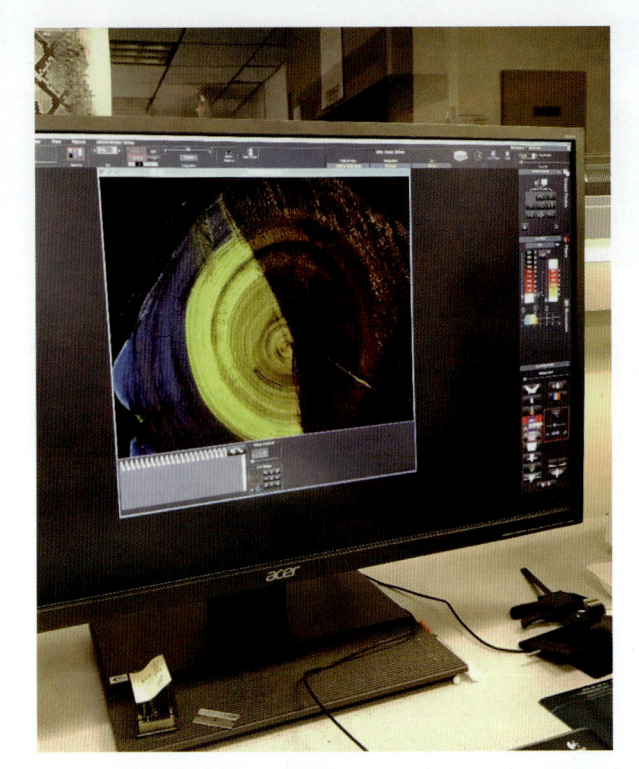

图 27 法医实验室中,一块刺槐木的横截面正在进行荧光鉴定(林赛·布尔贡)

图 28 贾斯汀·威尔克站在一堆槭树原木上。他参与过一起盗伐案件,并引发了一场大规模森林火灾(华盛顿西区联邦检察官办公室,庭审证物)

图 29 不列颠哥伦比亚省阳光海岸社区森林的一处盗伐点(维罗妮卡·爱丽丝)

偷树贼

北美森林中的罪行与生计

〔美〕林赛·布尔贡 著

张悠然　王艺颖 译

商务印书馆
The Commercial Press

Copyright © 2022 by Lyndsie Bourgon

This translation of
TREE THIEVES:
CRIME AND SURVIVAL IN NORTH AMERICA'S WOODS
by Lyndsie Bourgon
is published by The Commercial Press Ltd
by agreement with Little, Brown Spark

献给我的父母
感谢他们帮我踏上了这段旅程

我们的劳动与土地相融,我们的力量与大地的力量深深地交织,从此,任何一方再也无法抽离。

——雷蒙德·威廉斯(Raymond Williams)
《文化与物质主义》(*Culture and Materialism*)

目 录

出场人物 ………iv

序言　梅溪 ………1

第一部分　根基

第1章　伐空林地 ………7

第2章　生死博弈 ………15

第3章　深入腹地 ………20

第4章　月球之境 ………34

第5章　区域战争 ………48

第二部分　主干

第6章　红杉之路 ………67

第7章　盗伐人生 ………76

第8章　音乐木材 ………82

第9章　神秘树林 ………90

第10章　车削制木 ………102

第 11 章　劣等工作 107
第 12 章　猫鼠游戏 124
第 13 章　积木街区 130
第 14 章　拼图碎片 141
第 15 章　热潮重现 153
第 16 章　火源之树 163

第三部分　树冠

第 17 章　寻木追踪 169
第 18 章　愿景所求 174
第 19 章　穿越美洲 186
第 20 章　信仰树木 197
第 21 章　森林碳汇 201
第 22 章　悬而未决 209
后记 214

致谢 218

术语表 223

注释 226

参考书目 232

韦尔斯格雷社区森林
不列颠哥伦比亚省
落基山脉
温哥华岛山脉
温哥华岛
弗雷泽河
阳光海岸社区森林
温哥华
纳奈莫
加拿大
美国
卡马纳沃尔布兰省立公园
维多利亚
奥林匹克国家森林
布里农
西雅图
奥林匹克山
埃尔克湖下游小径起点
华盛顿
奥林匹亚
太平洋
喀斯特山脉
哥伦比亚河
波特兰
塞勒姆
科瓦利斯
威拉米特河
尤金
俄勒冈州
亚什兰
卡拉马斯瀑布
卡拉马斯河
梅溪
奥里克
北美红杉国家及州立公园
北美红杉溪
尤里卡
内华达州
雷丁
萨克拉门托河
鳗鱼河
加利福尼亚州
0 英里 200
0 千米 200
130°
125°
120°
50°
45°
40°

出场人物

往日风云

牛顿·B. 德鲁里（Newton B. Drury）：拯救北美红杉联盟的执行董事，美国国家公园管理局的第四任局长

伊诺克·珀西瓦尔·弗伦奇（Enoch Percival French）：北加州北美红杉州立公园的第一位护林员兼督察员

麦迪逊·格兰特（Madison Grant）：拯救北美红杉联盟的联合创始人

约翰·C. 梅里亚姆（John C. Merriam）：拯救北美红杉联盟的联合创始人

亨利·费尔菲尔德·奥斯本（Henry Fairfield Osborn）：拯救北美红杉联盟的联合创始人

埃德加·韦伯恩（Edgar Wayburn）：塞拉俱乐部主席

森林深处

埃米莉·克里斯蒂安（Emily Christian）：北美红杉国家及州立公园（简称RNSP）的护林员

丹尼·加西亚（Danny Garcia）：前"法外狂徒"

特里·库克（Terry Cook）：丹尼·加西亚的舅舅

劳拉·丹妮（Laura Denny）：前 RNSP 护林员

克里斯·古菲（Chris Guffie）：前"法外狂徒"，也被称为"北美红杉大盗"

约翰·古菲（John Guffie）：克里斯·古菲的父亲

德里克·休斯（Derek Hughes）：前"法外狂徒"

布兰登·佩罗（Branden Pero）：前 RNSP 护林员

普雷斯顿·泰勒（Preston Taylor）：洪堡州立大学熊类研究员

斯蒂芬·特洛伊（Stephen Troy）：RNSP 护林员主管

罗西·怀特（Rosie White）：前 RNSP 护林员

洪堡县内

朱迪·巴里（Judi Bari）：地球优先组织的活动家

罗恩·巴洛（Ron Barlow）：土生土长的奥里克人，牧场主

达里尔·切尔尼（Darryl Cherney）：地球优先组织的活动家

史蒂夫·弗里克（Steve Frick）：前伐木工人

谢里什·古菲（Cherish Guffie）：特里·库克的女友；克里斯·古菲的前妻

吉姆·哈古德（Jim Hagood）、朱迪·哈古德（Judy Hagood）："哈古德五金店"店主

乔·赫弗德（Joe Hufford）、唐娜·赫弗德（Donna Hufford）：在奥里克居住多年的夫妇

林恩·内茨（Lynne Netz）：德里克·休斯的母亲

序言

梅溪

2018年冬，北加州北美红杉公路的幽夜中，一段段险峻的弯道在车灯的探照下逐渐清晰。该路段上几乎没有警告牌提前告知路况信息，车辆很容易错过某个岔道。此时，一辆小卡车在阴冷潮湿的夜色中穿行，于一片漆黑中缓缓靠近梅溪（May Creek）。

午夜刚过，卡车在一处杂草丛生的岔道旁转向。当司机沿着一扇金属大门的左侧行驶时，车身发生微微倾斜，轮胎掀翻了一处小石堆。轮胎的凹槽在松软的地面上留下了斧凿刀刻般的深印。司机把卡车重新开回了公路，夜色愈发深沉。

最终，卡车停在一片绵延约100码*的狭长空地上——这条荒废已久的伐木通道如今荒烟蔓草。司机从卡车上爬下来，发现脚下有一条很短的小道，两旁长满了耳蕨和车轴草，层层叠叠的北美红杉犹如密不透风的幕墙，与夜色相融，不知其景象。地

---

* 1码约为0.91米。——若无特殊说明，本书脚注均为译者注

上铺满了厚厚的落叶,司机向前行走,脚步声悄然淹没在落叶中间。

这名司机身材瘦小,头发剪得很短,套着一件运动衫。在伸手不见五指的空地上,他站着等待车上的伙伴与他会合。黑暗中,他的头灯是唯一的光源。

他们手提链锯从公路边的空地出发,穿过一片片密林,红桧木和藤槭的枝叶刮蹭着二人的手臂。大约只走了75码的路,他们便爬上了东边的山丘。这里没有国家公园官方修建的小径,附近也没有露营地。在树冠的遮掩下,没有一颗星星的光辉能够透过太平洋上升起的海雾落入森林。

他们在一棵古老而高大的北美红杉旁边停下脚步,其中一人启动链锯,发动机高亢的嗡鸣声回荡在空地上。金属锯齿深深地咬进深赭色的树干,发出恼人的噪声,而此时行驶在北美红杉公路上的人们是听不到的。

这棵树主干直径约30英尺*,扎根在山丘的边缘。手握链锯的人往下挪动了一小步,靠在斜坡上。他站在树干一侧,背对着那条小道,开始垂直切割树干底部。他干起活来一丝不苟,很有条理,在树上刻出一个个边缘笔直的方块。慢慢地,树干被劈成碎块落在地上,就像冰川崩裂坠入水中。伐木者的同伴站在一旁放风,整个晚上,他们几乎没有交流。最终,他们积攒出一堆沉重的矩形木块,并慢慢将其中一些翻滚着推下山,推到卡车旁,再把木材装

---

* 1英尺约为30.48厘米。

上卡车，而后开车离开。

森林中，那棵有着几百年历史的北美红杉从底部失去了三分之一的树干，只留下一道触目惊心的伤口。

第一部分

根基

第 1 章　伐空林地

我遇到的第一起盗伐案件，发生在温哥华岛西南海岸迪迪达特（Ditidaht）地区的古老树丛。2011 年的一个春日，不列颠哥伦比亚省卡马纳沃尔布兰省立公园里，一名徒步者嗅到了空气中新鲜木屑的味道。他在行走时发现，一些伐木楔子插在一棵树龄 800 年的北美乔柏树干里，那是用来引导树木朝特定方向倒下的工具。如果"巧借东风"，这棵高约 160 英尺的大树很容易就会倾倒在地。伐木楔子使这棵参天古树从葱郁雨林中的高耸哨兵变成了悬于天际的达摩克利斯之剑。园区护林员不得不亲自将这棵树砍倒，把它留在森林地面上自行分解。在接下来的百年漫长岁月中，它将重回地球之腹。

可实际上，这个过程不会持续如此之久：仅仅 12 个月后，大部分树干就消失了。在这棵树被伐倒后，盗伐者就溜进了公园，他们将树干锯成便于搬运的木块（或截成段），只留下一地锯末和被丢弃的设备。极具讽刺意味的是，公园伐木的本意是为了保障安全、保护树木，但此举却为偷树者提供了便利。

荒野委员会（Wilderness Committee）是一家当地的环保组

织，他们曾给我寄过一份专供记者的新闻稿，就这起盗伐向公众敲响了警钟。10年过去了，并没有人因为那晚在卡马纳沃尔布兰发生的事而被指控违反了《不列颠哥伦比亚省森林及边界实践法案》(British Columbia's Forest and Range Practices Act)，即未经许可在公共地产采伐木材以及肆意破坏树木。那棵倒下的北美乔柏已不复存在，可能在夜深人静时被卖给了当地某家锯木厂，或是某个工匠，他把木材变成木瓦片，抑或加工成一座落地钟、一张桌子，摆在了商店里。

自那时起，我目睹了接连不断的盗伐事件席卷北美：从太平洋西北地区到阿拉斯加的茂密森林，再到美国东部和南部的用材林。林木盗伐随处可见，贯穿四季——盗伐者从这里偷走一棵树，又从那里盗走另一棵。用林务官员的话说，这已成为"国家森林的普遍遭遇"。盗伐规模不尽相同，既有看似微不足道的砍伐（如在城市附近的公园里砍下一棵小圣诞树），也有整片树林的破坏，凡此种种，不一而足。

在北美洲，木材盗伐的规模因地区而异。在密苏里州东部，木材偷盗是马克·吐温国家森林的频发问题。2021年，一名男子被指控在6个月的时间里砍伐公园内的胡桃树和美国白栎共计27棵，之后把它们卖给了当地的工厂。在新英格兰地区，被盗伐最多的是樱桃树。在肯塔基州，人们剥掉北美红榆的树皮，把树皮制成草药和膳食补充剂。树木盆景从西雅图一家博物馆的花园里失踪，棕榈树从洛杉矶的庭院里不见了踪影，珍稀的松树在威斯康星州的植物园里消失，古老的鳄皮圆柏从亚利桑那州普雷斯科特国家森林里销声匿迹。在夏威夷，相思树（因其纹理细密的红色木材而备受推崇）被人从雨林中盗走。在俄亥俄州、内布拉斯加州、印第安纳州和田纳西州，我发现了一些黑胡桃和美国白桦的树桩，这些树不曾扎根于伐木林地，但所有的树都受到了一定程度的保护，这意味着它们对于某个人和某个地方而言，十分重要。

在森林深处，窃取其他自然资源的行为也层出不穷。苔藓以每磅*1美元的价格卖给花商；在一起案件中，一名盗伐者在他的皮卡车厢里藏置了3,000磅的苔藓。在美国东南部，盗伐者将长叶松的松针耙起来出售，这种珍贵的资源被称为"棕色黄金"。树干、粗枝、蕨类、蘑菇和草，这些森林产品都被用于非法交易。云杉或冷杉的树冠被砍下来当作圣诞树出售，树枝的嫩梢被折断，制成香薰用的百花香。

森林的管理是在具有层级划分的行政体系中运行的，在某些方面有人员上的重叠，且需各机构协同合作。有些森林由土地私有者或伐木公司管理，还有一些地区森林受市政府、州政府或省政府的管辖。更高层级的管理机构包括国家公园管理局、国家林务局、国家纪念地**。在加拿大，这一体系包括皇家土地、国家公园和自然保护区。但在美国，大多数森林为私人所有，并被当作木材林地进行管理。而在美国西部，大部分林地归属于联邦政府和州政府，即70%的森林为公共所有，这与美国东部仅占17%的公

---

* 1磅约为0.45千克。
** 国家纪念地（national monument）属于美国国家公园体系，多数由美国国家公园管理局负责管理。

第1章 伐空林地　　9

有森林形成了鲜明对比。

想要更好地了解森林保护的层级制度，就需要理清各个组织机构间的管辖和隶属关系。例如，美国国家林务局隶属于美国农业部，因此，国家林务局将其土地上的树木作为一种产品，按照农作物的模式进行管理：被种植、收获，最终被消费。美国其他机构（国家公园管理局、土地管理局、鱼类及野生动植物管理局）则隶属于内政部。但即使有这一整套体系作为保障，情况依然错综复杂。在国家公园和内政部土地管理局管辖的土地上，选择性伐木是允许的；美国鱼类及野生动植物管理局负责保护鱼类、野生动植物及其自然栖息地，但这些鱼类可能会通过溪流穿梭于国家公园或国家森林，其迁移模糊了各机构应负责任的边界。发生在这些自然保护地的盗伐事件尤为惊人——树木本应在整个生命周期内受到保护，但却难逃利刃，这足以说明该保护方式劳而无功。

据估计，在北美洲，每年有价值10亿美元的木材被盗伐。美国林务局认定，在其管辖的林地上，每年被盗伐的木材价值达到1亿美元；而近年来，在美国公共土地上，每10棵被砍伐的树木中就有1棵为非法砍伐。私营木材公司协会估计，盗伐者每年从他们那里偷盗的木材价值约为3.5亿美元。在不列颠哥伦比亚省，专家们认为，每年公有森林中的木材盗伐所造成的损失为2,000万美元。全球范围内，木材黑市总价值约为1,570亿美元，该数字包括木材的市场价值、未缴税款和收入损失。木材盗伐，连同非法捕鱼和黑市动物交易，共同构成了一个价值1万亿美元的野生动植物非法交易产业，也因此受到国际刑警组织等打击国际犯罪活动的组织的监控。

木材盗伐在法律上被归类为财产犯罪，但它的赃物和犯罪环境具有独特性。当涉及树木时，相比"盗伐"（poach），偷盗者们更喜欢用"拿走"（take）一词。事实也的确如此：他们正在拿走一种不可替代的自然资源。在北美，树木是我们与历史最为深厚的联结，它们如教堂般伫立，是不朽的遗迹。然而，当人们盗伐时，树木成为被盗的赃物，并因此被立案调查。可是，通过文书或车牌把失窃汽车和车主联系起来是一回事，将木材和被盗伐后剩下的树桩联系起来就是另外一回事了。在茂密葱郁的森林里，这些树桩通常隐蔽于帘幕般的密林后面，被苔藓覆盖，或是被掩藏在树枝之下——无论哪种情形，它们都难以被发现。

对被盗伐的木材进行估值的过程同样错综复杂：当我们从生态学角度考虑，就会立刻发现，木材盗伐的影响比财产犯罪更复杂、更具破坏性。在公有土地上，尚有一些世界上最古老的树木，它们拥有极强的固碳能力，是我们对抗气候变化的关键物种——北美红杉森林每英亩*的固碳量超过世界上任何其他森林；不列颠哥伦比亚省卡马纳沃尔布兰省立公园所拥有的生物量是南半球热带雨林的两倍，而热带雨林素有"地球之肺"的美誉。正因为此，古树一旦消失，其生长的土地根基就不再稳定，使得该区域更容易发生洪水和滑坡。即使古树伫立着死去（在伐木业中被称为"枯立木"），它也为整片大陆的濒危物种提供了一个无可比拟的生态系统。树

---

*　1英亩约为4047平方米。

木消失时，依赖于它们的动物、小型植物和真菌也将随之消失。树木盗伐，即使规模微不足道，也会产生深远的影响，导致环境质量下降，森林遭受破坏，给地球留下历经几百年都无法抚平的伤痕。

然而在执法保护的世界里，似乎有一道无形的界限将植物和动物划分开来。为了保护动物（尤其是大象和犀牛这类"颇具魅力的大型动物"）免遭偷猎和非法交易的侵害而发出倡议（并筹款），往往比呼吁人们保护植物要容易得多。《濒危野生动植物种国际贸易公约》（Convention on International Trade in Endangered Species of Wild Fauna and Flora，CITES；以下简称《公约》）对全球所有因非法交易而处于濒危状态的动植物进行了统计；这份公约列出了 38,000 个保护物种，其中超过 32,000 种是植物。

而古树则因其特性，为跨越这道"无形的界限"提供了可能：在加州的北美红杉国家及州立公园[*]，护林员主管斯蒂芬·特洛伊说，这些北美红杉是"美国西部的犀牛角"。北美乔柏和花旗松主导的生态系统也配得上如此美名：苔藓缀于枝头，树干高耸，直入云霄。这些树凭借其拔地倚天的身姿、历经沧桑的年轮和粗壮强劲的枝干，唤起人们心底的敬畏。置身于北美红杉林，人们很难不为这些古树的俊丽风姿所折服。

---

[*] 自 1994 年以来，北美红杉国家及州立公园由一个国家公园（北美红杉国家公园）和三个州立公园（德尔诺特海岸北美红杉州立公园、杰迪戴亚·史密斯北美红杉州立公园和草原溪北美红杉州立公园）组成。——原书注

这本书主要调查太平洋西北地区美国和加拿大国家及州立公园和森林里所发生的树木盗伐情况。我家位于不列颠哥伦比亚省的腹地，这些树距离我住的地方不远，车程不过几个小时；我花费了数年时间，试图理解人们为何会偷盗一棵树。在好奇心的驱使下，我有机会能够"面对面"地了解一种鲜被提及的毁林形式，它源自 20 世纪至 21 世纪初的一些最紧迫的社会问题。

吸引我去了解这个故事的，不是被盗木材的具体价值，甚至不是每消失一棵树会对气候变化产生怎样的负面影响，尽管这两者都是至关重要的考量因素。我想知道的是，一个在北美红杉林生活、沉浸在其秀美之中的人，如何能够既爱它，又要将它毁灭？他是如何视自己与大自然完美相融，以至于破坏树的一部分不过是助它完成生命周期中的另一个阶段？木材盗伐是一种大型、有形的犯罪行为，它植根于北美各地普遍面临的挑战：随着经济和文化的日新月异，社区开始瓦解。

木材盗伐的相关研究为我们了解环境与经济政策的涓滴效应*打开了一扇窗。这些政策无视生活于林间、依赖树木生存的劳动者，使他们成为游离在社会边缘的人。这是一个关乎艰难生存的故事，因猎獗扩张与无尽欲望而起，既满怀愤怒又无比美丽。森林是一个工作场所，若森林工作被取代，许多人因此失去收入，失

---

* 涓滴效应（trickle-down effect）指在经济发展过程中并不给予贫困阶层、弱势群体或贫困地区特别的优待，而是由优先发展起来的群体或地区通过消费、就业等方面惠及贫困阶层或地区，带动其发展和富裕，或认为政府财政津贴可经过大企业再陆续流入小企业和消费者之手，从而更好地促进经济增长的理论。

去所属的社区，失去他们统一的身份。树木承载着许多盗伐者内心深处对家的渴望、对故土的眷恋。古希腊人将这一情感称之为nostos，也就是"乡愁"（nostalgia）一词的词根。这是一种寻寻觅觅的思乡之情，一种从痛苦分离中滋生的情愫。

几个世纪以来，人们一直在"拿走"木材，但木材也一直被人从我们身边拿走——它们被圈在栅栏里，或是被围在地图上的边界线内。纵观历史，土地若不能为社区所用，往往会引发破坏行为；虽然每个盗伐者的故事独一无二，但他们的盗伐行为都是为了满足"无地可用"之后的生活所需。所以，为什么会有人偷一棵树呢？没错，为了钱。但也是为了获得一种掌控感，为了家庭，为了所有权，为了你我家中都会有的产品，甚至为了毒品。我开始认识到，木材盗伐不仅仅是一场引人注目的环境犯罪，其中还蕴含着更深层的意义。这是一种企图在瞬息万变的世界中，夺回自己位置的行为，一种为满足必要需求而产生的行为。为了理解盗伐行为的悲哀与暴力，我们需要思考的是，一棵树最初是如何成为偷盗目标的。

第 2 章　生死博弈

> 罗宾汉只在意属于他自己的东西。
>
> ——克里斯·古菲

> 野兽和鸟类不是任何人的私有财产，它们是公共资源。而那些持不同意见者却认为自己拥有一切，甚至包括空气。
>
> ——鲍勃·托维和布莱恩·托维（Bob and Brian Tovey）
>
> 《英国最后的盗伐者》（*The Last English Poachers*）

1615 年 4 月的一个春日，在英格兰中部地区的一片森林边缘，11 个人走进一幢石砌建筑，在集合法庭前就位。他们将要在此供述自己的罪行，比如从科斯森林盗取木材来酿造啤酒、烤面包。被捕之后，他们向森林法庭（专为森林监管和保护设立的特殊法庭）供认不讳。18 名陪审团成员坐在他们面前，另有 22 名平民、村民和农民围观了当天的庭审。被告人逐一供述了作案细节：盗伐梨树和苹果树以获取木材，采伐榛树的枝条……在其中一起案件里，他们砍伐了一株被称为"地精栎树"的圣树。这群人就是盗伐林木的始作俑者。

"森林"（forest）一词与英语中的"禁止"（forbidden）以及拉丁语中的 foris 拥有同样的词根 for，意思是"外面"。这不无道理，因为"森林"一词在过去的含义和现如今大相径庭。它并非指一片树木或林地，而是指 11 世纪供英国国王威廉一世和其同胞们打猎的私人领地，其他人进入则须付费。作为一种中世纪的乡村俱乐部，森林不仅包括林地，在某些情况下还包括耕地、原野，甚至是整个村庄或城镇。当一片森林被圈定后，此地的原住民都要受到严厉制约：例如，为了保护树木，供给庞大的鹿群，木材不再能免费获得。

为了抵制威廉王对土地的掠夺，13 世纪时，《森林宪章》（Charter of the Forest）出台，它是《大宪章》（Magna Carta）的配套文件。富有权势的贵族想要得到被王室紧抓不放的土地，便催促约翰王将法定森林土地变为普通土地。在约翰王的推动下，《森林宪章》为林地和平民的生活勾勒出一幅新的愿景，人们可以在此地获得生活物资：水、食物和住所。宪章宣称："每个自由公民都可以依照自身意愿在森林中伐木自用。"这是反对王室土地垄断的平民宣言。以今天的标准来看，这是一份先锋性的文件，它反对权贵对公共土地私有化，无论是王室还是政府。该宪章对林地的使用进行了限制，也是历史上最早的环境法之一；它涵盖了动物权利，并对带犬打猎做出了明文规定。根据该宪章，王室必须将圈占的森林归还给其臣民。而那些之前因盗伐罪而锒铛入狱的人，如果保证不再"破坏"森林，就可以被释放。此后的几个世纪，英国的所有教堂每年都要按照规定将《森林宪章》向公众宣读四次。

该宪章将森林定义为公共资源，其中包括林木果实、牧草、泥灰、泥煤和木材。人们可以在森林地面上喂猪（林木果实），在整个森林里放羊（牧草），还可以采集蜂蜜。人们有权挖掘散沙和黏土（泥灰）、开采煤炭和泥炭用作燃料（泥煤）以及建造锯木厂。该宪章将森林概述为一片庇护地，其中的树木是避难所，是路标点，也是界标——树木是平民生活必不可少的一部分，这是毋庸置疑的。森林资源丰富，满足各类生活所需，因而被称为"穷人的大衣"。人们可以在森林里找到各种生存所需的物资，比如用于建造房屋、制造家具的枯木或完整的树木。该宪章概述了"伐木权"，即为日常需要采集木柴和木材的权利；还提到了"矮林作业"，即把树木砍至与地面齐平，这是一种促进树木健康再生的伐木方式。

然而，在1615年4月森林法庭开审时，《森林宪章》早已被人抛之脑后。事实上，宪章所允诺的内容从未完全兑现。地主将佃农赶走，并对土地的公共使用制定严格的规则，私人土地不断被圈占，公地越来越少。"平民"（commoner）一词早已失去其本身的力量，反而具有了贬损的意味。

17世纪，砍伐树木成为一种民间习俗，木材盗伐是最常见的财产犯罪形式。森林变成了一个充满诱惑的地方，人们乱砍滥伐，毫无底线，非法伐木制成木炭。"护林人"变成了"私有猎场看守人"，更确切地说，他们成了保安，守护那些曾经开放给平民使用的私有土地。故事里的罗宾汉成功避开了诺丁汉郡长，但在现实里，他需要避开的是看守人。

看守人在树篱中设置诱捕陷阱，用罗网、绊脚石等工具来防御盗伐者。一旦被发现从私有土地上获取木材——不仅是树干、树枝，还包括栅栏、木桩和树皮——就将受到惩罚，而且是酷刑：断手、绞刑或七年监禁。森林法庭每隔40天开庭一次，由皇室护林官（终身任职）对盗伐者进行宣判，并处以罚款。小到砍伐树枝，大到连根拔起整棵栎树，这些案件都在他们的审理范围内。佃户不能捕兔获取食物，但地主却可以肆意猎杀兔子仅为娱乐，这种极度的不平等引发了社会愤怒，并不断蔓延。森林法规也愈加苛刻，即使是将被狼咬死的鹿拿去做食物也是非法的。平民们不再能任意获取木材满足生活所需，这令他们无法接受。于是，盗伐成了一种反抗的形式。

一名地主在他的年度记录中抱怨道："年轻的盗伐者犹如强盗，连一棵树、一寸篱笆都不放过，他们精于偷盗，贪得无厌。（树木）被盗走，被毁坏。"一位看守人声称，在七年的时间里有三千多棵树遭到了损毁。盗伐者把偷猎得来的鹿肉和木材藏在船上，再利用附近的河流运出去。

他们巧妙使用陷阱、罗网和诱饵，在夜深人静时悄悄作案——猎杀野味、非法捕鱼、砍伐树木。因此，相较于光天化日之下的盗伐行为，看守人对夜间盗伐者往往采取更严厉的惩罚。但紧接着，一些盗伐者开始暴力捕猎，以示抗议——在私有土地上捕杀野鹿，留下尸体，任由鲜血渗进土地；冲进私人庄园，对看守人威逼胁迫。在一起案件中，一名女装扮相的男子在威尔特郡率领一帮盗伐者发起暴动。地主说，他们的树木被砍伐殆尽，现场一片狼藉。

盗伐者会在脸上涂抹木炭，以便更好地融入夜色。他们自称"黑面侠"，并以当地酒馆壁炉架上的雄鹿角起誓。为此，政府出台了《黑匪法案》(Black Act)，对三百多项罪行判以死刑，其中包括"在森林中乔装打扮"。虽然该法案最初只是临时性禁令，意在遏制广泛蔓延的犯罪行为，但它仍被沿用了一百年之久。

可是，不管在城镇还是乡村，盗伐者都获得了当地民众的同情——猎捕野鹿和盗伐木材的罪犯成了罗宾汉式的民间英雄。盗伐是一种与自然相联结、与土地产生共鸣的方式，更是平民反对王室贵族，宣泄愤怒、予以报复的途径。民间广泛流传着这样一首歌谣：

> 荆豆丛里把账算，
> 四十人把石头攥，
> 为咱穷人权利战，
> 打得权贵骨头断。

第 3 章　深入腹地

> 既然它叫公共土地,那就是我的土地,对吧?
>
> ——德里克·休斯

最初大肆砍伐林木的是欧洲定居者。自打他们在北美东海岸（即后来的美国和加拿大）登陆后,由东至西,树木如多米诺骨牌般倒下,历经几千年演变的生态系统就此毁于一旦。这些欧洲人将木材用于取火和家用,利用木材向西迁移。为了进行工业扩张,他们还将木材运至海外。曾有记载称,美国拥有广袤无垠的森林,面积之大,一直"深入国家腹地"。

这种基于偷盗和圈地的伐木是另一种形式的"拿走"。殖民者残忍粗暴地赶走原住民:实施暴力、引入疾病、强迫他们迁离有价值的土地。随着国家公园和国家森林的兴建,原住民再次遭到驱逐。他们离开的土地后来成为标志性的公园:优胜美地国家公园、黄石国家公园、冰川国家公园、恶地国家公园,园内景色壮丽,动人心弦。

美国"拿走"式的土地开发是一种领土扩张项目。在 20 万平方英里*的林地上，仅仅 50 年的时间，就有 50 亿考得**木材作为燃料被消耗。20 万平方英里相当于伊利诺伊州、密歇根州、俄亥俄州和威斯康星州面积的总和。一些伐木工认为，他们的工作将天堂拉近人间，树冠哗啦一声倒下，犹如"文明之光落在我们身上"。其他很多人觉得树木难以连根拔起，挡住了扩张的道路，是需要攻克的阻碍。为了"征服"树木，伐木工人有时会把黑色火药连同导火线一起塞进树干上凿出的洞里，火药爆炸时，树木会被完全劈成两半。档案照片反映了当时的伐木情景——人们坐在巨大的树桩上，一旁的标题写着："伙计们，加把劲儿！一山伐过一山拦！"

与此同时，随着城镇区域的扩张，美国的自然保护运动在城市中诞生。医生们建议病人到乡村去，远离城市的拥挤与尘嚣，通过亲近自然来缓解头痛和精神衰弱，这已是司空见惯的事。随着城市居民开始前往诸如纽约州的阿迪朗达克山脉这样的地方闲游，他们也开始出资保护这些地区。城市居民自喧嚣中来，他们当中的许多人认为自然保护的益处是庇护尚未被人类玷污的净土。然而在现实中，未经人类染指的自然从不存在。贫穷的工人阶级砍伐林木，在新兴城市外围的农村地区建造房屋，构筑自己的家园。而现在，他们被告知，自己的家园不符合环保标准，他们的工作对自然造成了伤害，他们要被强制离开这片土地——因为环境保护如今变得更加重要。

---

* 1 平方英里约为 2.59 平方千米。
** 1 考得为 128 立方英尺。

富有的捐助者对环境保护进行资助，但对他们而言，自然只是取乐的工具。纽约狩猎俱乐部之类的组织陆续成立，它们积极游说，推动实行更有力的保护措施，以确保付费会员能够享受野禽和渔猎资源。此外，他们还倡议禁止出售野味。这一系列举动促成了专门的狩猎季和捕鱼季的出现。用网捕捞大量的鱼是农民和乡村居民养家糊口的惯用方式，而现在，这种方式被禁止了。

和几个世纪前的英国一样，狩猎变成了偷猎，采集和放牧变成了非法侵入，伐木变成了偷盗木材。富人们将狩猎当作一项运动，狩猎季的时长任由他们的意志摆布。这些富人们毫不关心收获季的周期规律，他们缩短了狩猎季，这迫使农民不得不在每年关键的时间节点上，在耕种土地和打猎果腹之间做出抉择。一位怀俄明州居民向当地的报纸投稿写道："当你对一名农场主说'除了在收获季，你不能吃野味'时，就是在逼他去偷猎，因为他不能让自己饿死，更不会让他的家人挨饿……要不是那些野味，早就饿殍遍野了。"

1892 年，阿迪朗达克地区的官员开始绘制公园的正式边界，他们发现许多当地人并未意识到公园用地和自家宅地之间的区别。地图上清晰的边界线并没有在森林中标明，使得无意闯入并定居于此的人陷入困境：有的时候，定居者成了擅自占地者。即使已经在森林里的家住了几十年，可一旦周边土地上建立了公园，定居者也有可能要被迫离开。在某些情况下，公园管理者认为擅自占地者"……不是一个理想的邻居。他的住处不仅有碍观瞻，而且周围经常堆满各种垃圾：旧铁罐、鱼鳞、动物内脏、毛发和兽皮……"通过拆毁和焚烧建筑，无数村民被驱离他们的家园。憎恨与复仇的情绪弥漫在宾夕法尼亚州、纽约州北部、弗吉尼亚州和佛蒙特州等地的上空。国家森林委员会最终建议，希望军队在保护区内巡逻。这个委员会的成员就包括环保主义者约翰·缪尔（John Muir）。1897年，格罗弗·克利夫兰（Grover Cleveland）总统为新的森林保护区和森林公园划定了2,130万英亩的土地，这一举动激怒了西部各州的政客和商业利益相关者。他们认为这是"对枯木的无用保护"，并将这些保护者斥为"狂热分子、纸上谈兵的老学究、多愁善感者和不切实际的空想家"。

在一些定居者看来，木材盗伐已成为一种边疆传统*。在阿迪朗达克山脉，当地人为了获取木材，开始撕下"禁止擅入"的标志，肆意踏进森林。此类犯罪很难被起诉，因为护林员要依靠当地人提供的线索来抓捕收获颇丰的盗伐者。"想要在某个地方获得指认某人犯罪的证据，几乎是不可能的，除非当地有人对他心怀恶意。"森林委员会的一名检查员这样写道，"如果人们把自己所知道的有关盗伐者的一切信息提供给政府官员，他们就会惹怒街坊四邻，招来恶意攻击，在当地的生活会变得不幸。"一些村民根本不认为他们的行为是盗伐，许多人被抓捕时愤愤不平，于是纵火烧毁树林予以报复。

反抗一直持续到20世纪。1903年9月，一名地主因起诉一

---

* 边疆传统（frontier tradition）指19世纪美国西进运动中，拓荒者们所崇尚的坚强意志、独立精神和个人主义，在塑造美国传统价值观方面发挥了重要作用。

名在其私人土地上盗伐木材的当地男子而被枪杀。这名地主买下了当地一条道路的使用权并将其封锁，禁止他人使用。此前，他还买下了一条小河运输原木，让木头从森林里一路漂流到锯木厂。私有土地点燃了乡村地区的怒火：当地人烧毁庄园，在栅栏上凿洞，向警卫开枪。威廉·洛克菲勒（William Rockefeller）*开始带着持枪保镖四处巡游，而当子弹射入他在海湾池塘**的度假小屋，他的保镖纷纷辞职离去。

为了勉强维持生计，原住民继续"拿走"植物和野兽，他们对殖民势力的反抗由来已久——他们对土地有着深入的了解，是这片土地真正的主人。原住民要在美国最初的"建国盗窃"之后"拿走"属于自己的一切。他们通过盗伐这一颠覆性的方式，重申自己的权利与传统习俗。在加拿大北部，契帕瓦族（Chipewyan）印第安猎人曾抗议建立保护区，1922年伍德布法罗国家公园建立后，他们因为继续在此狩猎而受到了严厉的惩罚。

当今时代的森林看守是一份危险的职业，一些人在面对猎人和盗伐者时被杀害。他们在报告中称，当地居民肆无忌惮地进入森林寻找柴火："自古以来，即从这个国家第一次有人定居开始，在荒野边界附近生活的人们所接受的教育便是：既然是属于国家的公共地产，他们就有权进入，想怎么砍就怎么砍；他们的父辈和祖辈一直这么做，他们拥有与生俱来的权利，可以在那里为所欲

---

* 美国石油大亨约翰·戴维森·洛克菲勒的父亲。
** 海湾池塘（Bay Pond）是一座巨大的鹿园，由威廉·洛克菲勒于1900年建立。

为，没有人能够质疑这一权利。"如今最具代表性的公园都被卷入这些反抗之中。黄石公园有一个著名的偷猎者名叫埃德加·豪威尔（Edgar Howell），他给当地报纸写信，辩称他之所以在公园里打猎，是因为这是需要技巧和勇气的行为。他宣称，偷猎是出于一种"冲动"，即想要在对抗护林员的游戏中以智取胜。作为回应，环保主义者称他不过是个一无是处的贪婪小人。

作家唐纳德·卡尔罗斯·皮阿提（Donald Culross Peattie）把对加州北美红杉森林的"第一次攻击"归因于1850年的淘金热。尽管西班牙殖民者早在18世纪就踏足了北美红杉森林，但根据照片记录，直到100年后，来自美国东部的野心勃勃的伐木者们才翻过最后一座山丘，径直前往洪堡县（Humboldt County）和太平洋沿岸。

洪堡县以德国地理学家和自然科学家亚历山大·冯·洪堡（Alexander von Humboldt）命名（他从未到访过该地区），位于旧金山以北270英里处。伐木工人一到这里，就踏上了众多原住民的领地——这里住着维约特人、尤罗克人、胡帕人、鳗鱼河阿萨巴斯卡人，等等。该地区的森林里满是古老的北美红杉和云杉，经过数百万年的演化，已经完全适应当地环境，在沿海山脉恣意生长。数千年来，这片土地支撑着原住民的生活，他们通常在河岸边建造长而低的木板房，用葡萄藤捆绑固定。建造这些房屋的木板是薄而柔韧的木材，从自然倒地或直立的北美红杉树上劈下。独木舟则是由倾倒在地的粗大树干雕刻而成。在一则尤罗克传统故事中,可持续利用的思想被展现得淋漓尽致。故事讲述了北美红杉是如何从造物主那里诞生,又如何被用来制作船只和房屋的——北美红杉真的是一个生活好帮手。

北美红杉是这个属(*Sequoia*)中唯一的现生物种,是柏科家族的成员。作为世界上最高的树木,北美红杉是真正的历史遗迹:它们在地球上已经生活了1亿年,一度在遥远的北极地区生根发芽。每年10月至次年5月,整个太平洋西北地区都浸泡在雨水之中,地面崎岖不平,这些参天大树在这里枝繁叶茂:有些树干的直径为6至8英尺,高度达到250英尺以上。从海岸向上延伸,北美红杉、花旗松和柳石楠(秋季结满簇簇红色浆果)遍布丘陵和山坡,仿佛一层色彩缤纷的地毯。每棵北美红杉的树冠都只蔓延到相邻树冠的边缘,避免过度拥挤。如果你仰头向上看,会看到天空如一条深邃的河流,蜿蜒于树冠之间。从地面上看,天空不是画布,而是一根曲折的纺线。这就是伐木工人当年走进的地方,也是今天仍然存在的地方:一片空灵而古老的壮丽森林。

在19世纪50年代,这些北美红杉似乎取之不尽用之不竭,它们被称为"红色金子",被看作与矿物同等重要。人们将其变成房屋、商店、人行道、淘金的洗矿槽、木桶、船只,甚至当地磨坊使用的扫帚柄。据估计,当时加州北部有200万英亩的北美红杉森林,这其中包括无数宽阔奔腾、碧绿清澈的河流,四座大分水岭,以及一个由大量鲑鱼、海獭和鸟类组成的生态系统。森林绵延起伏,一直延伸到地平线,构成一片郁郁葱葱的绿色丘陵。

"树！这些怪物挤在一起，像玉米秆一样密密麻麻。"拓荒者阿曼莎·斯蒂尔（Amantha Still）在1861年的日记中这样写道。

许多小镇就诞生于这片林地，当中有不少位于森林和海洋的交会处。其中一个小镇奥里克（Orick，源自尤罗克语，意为河口；一说有定居者在此地听到绿色的青蛙叫声音似"噢-里克，噢-里克"，因而得名）在被雨水浸润的葱茏山谷里蓬勃发展，优渥的地理条件为饲养奶牛提供了沃土。如今，奥里克的一些社区成员仍可以将家族史追溯至乳制品行业的繁荣时期。"我母亲在奥里克出生的时候，这里还没有伐木业。"镇上的牧场主罗恩·巴洛说。

北美最老牌的几家木材公司就创立于离奥里克不远的地方。19世纪80年代，鳗鱼河谷木材公司估计，在原材料耗尽之前，每天可以生产7500块木瓦，并持续生产20年。在19世纪末，用一棵北美红杉建造整栋房屋、银行或教堂的做法已是司空见惯。（这种树外形笔直、表面光滑，树脂含量低，因此很容易加工处理）。20世纪初，美国几乎每个城市都使用北美红杉木管道来输送水；密尔沃基（Milwaukee）的啤酒公司使用北美红杉木大桶；犹他州的采矿社区使用北美红杉木水槽；直到今天，一些电热水器仍在使用北美红杉木绝缘层。奥里克的第一家商业锯木厂于1908年开业，它不仅加工北美红杉，还加工云杉，这些云杉因其外观美丽、质量上乘而受到赞誉。云杉的直径通常为8英尺，通体笔直，非常适合用于铣削加工。

加州北部的北美红杉稀稀落落，让位给温带雨林。那里有数量丰富的花旗松、香脂冷杉、异叶铁杉、北美乔柏、黄扁柏以及云杉。在这些大树的荫庇之下，在北美殖民早期，成千上万的社区沿河岸而建，其中大多数被称为"雄鹿营地"，因为居住者多为单身男子。在华盛顿和不列颠哥伦比亚，树木沿着山坡生长，一路蔓延至海岸线附近，形成了葱郁的森林。被砍伐的原木乘坐大木筏顺流而下，在圣迭戈装船发货，最终的命运是被卖到美国东部和欧洲。在20世纪初期，惠好公司以550万美元的价格买下了太平洋西北地区90万英亩的茂密森林，这是美国历史上规模最大的土地转让之一。世界上最富饶的几处森林矗立在温哥华岛的西南海岸，也就是现在卡马纳沃尔布兰省立公园的边界处。

在伐木方面，太平洋西北地区提供了难得的稳定性，这是美国其他任何地区所不能企及的。西进扩张运动与英雄的形象紧密相连，也与木材公司老板的形象交相呼应——他们先用"小战斧"砍伐树木，接着是大锯，然后是链锯，最后升级为强大高效的机械设备。木材公司开始宣扬保罗·班扬（Paul Bunyan）的传奇故事，这名身穿格子衣服的伐木工人是一个力大无穷的民间英雄。*伐木工人所到之处，众人皆知晓班扬和他的壮举。正如广告中借班扬之口所说，伐木工人的职业特质就是：阳刚、独立、娴熟、孤独。

班扬的故事迎合了许多人刻骨铭心的经历：在迁徙过程中，许多最终在洪堡定居的人经历了极端天气、子女丧生、家族覆灭、干

---

* 保罗·班扬是美国著名的传说人物，他的故事体现了美国拓荒时代的勇气和乐观精神，已成为美国文化中的一个重要符号。

旱和沉船。一旦他们抵达洪堡，开始在奥里克这样的小镇上安家，一段以"坚韧不拔"为主题的故事便就此展开——他们在这里成功了。1913年的报纸《洪堡灯塔》（*Humboldt Beacon*）声称："在世界任何地方，你都找不到比北美红杉林里的伐木工更加勤恳高效的劳动者。"一个全新的职业形象随之被塑造出来：他们勤劳多产，着眼当下，不惧未来。偌大的森林里散布着一个个孤立的营地，每个伐木工都只能依靠他自己。一些孤独的伐木工甚至挖空北美红杉的树干住在里面（他们称之为"鹅笼"），树干里的空间很大，足以容纳一名成年男子。

"保护北美红杉"理念的提出可以追溯到这段时期。1915年，美国国家地理学会主席吉尔伯特·格罗夫纳（Gilbert Grosvenor）前往西部考察北美红杉的生长并拍摄了照片。两年后，三名环保主义者——约翰·C.梅里亚姆、麦迪逊·格兰特和亨利·费尔菲尔德·奥斯本——开启了一次公路之旅，促成了拯救北美红杉联盟的建立。

梅里亚姆、格兰特和奥斯本三人沿着后来的北美红杉公路驱车去看那些传说中的巨树。树桩的直径很宽，宽到足以容纳整个社区的人，足以为整个舞厅的地板提供原料，也足以支持竞选人站在上面进行一场名副其实的"树桩演讲"*。彼时，英裔美籍商人威廉·沃尔多夫·阿斯特（William Waldorf Astor）已在美国购

---

* 树桩演讲（stump speech）本意是"站在树桩上发表的演讲"，后引申为政客在竞选期间发表的演讲。该表达风行于19世纪，一直延续至今。

第3章 深入腹地

买了一块圆形的北美红杉厚板。这块截面取自一棵直径 35 英尺的北美红杉，估计有 3500 年的树龄，阿斯特准备将它运往英国，然后制成一张大餐桌，用来和别人打赌。一到加州北部地区，迎接三人的是毫不遮掩且异常狂热的伐木活动，他们对此深感震惊。同时，作为优生主义者*，他们也看到，随着北欧人种至上主义的衰退，环境破坏的现象愈演愈烈。他们认为，保护北美红杉是在履行"确保白人男性对荒野占据主导地位"的使命。1918 年，三人联合创立了拯救北美红杉联盟。在这之后，受他们三人所见所闻的感召以及格罗夫纳的照片的鼓舞，私人富豪开始购买林地并对其加以保护。这些土地犹如拼图的碎片，陆续被设立为州立公园，而它们周围的森林仍在遭受砍伐。

牛顿·B. 德鲁里很快加入了他们。他是拥有亿万资产的金融家和石油大亨小约翰·D. 洛克菲勒（John D. Rockefeller Jr.）的心腹顾问。德鲁里最终建立了北美红杉国家及州立公园，为此，他称自己是"不得不默然忍受命运暴虐的毒箭"**的人。他的名字几乎被刻在该地区所有的标志牌上。若你现在开车驶入公园，将会沿着"牛顿·B. 德鲁里景观大道"前行。德鲁里在接受采访时说："建造国家公园的首要目的，就是抵制一切将森林资源转化为功利用途的企图。"

他们的抵制有赖于富人相助：它在政府大厅、会客厅和私人

---

* 优生主义（eugenics）是 19 世纪时英国科学家高尔顿（达尔文的表亲）提出的概念：就像生物演化一样，人类作为一个物种应该尽量让优秀基因遗传下去。

** 此句源自莎士比亚的戏剧作品《哈姆雷特》，译文出自朱生豪译本。

密会中萌芽，依靠特权阶层和权贵最终达成。德鲁里在北美红杉树下为财力雄厚的捐助人和有权有势的立法者举办盛大的野餐会。他们的行动主义（activism）使环境保护成为现实，而这种做法在当地基础薄弱——因为这需要募集数以亿计的美元来从私人伐木公司购买大片土地。在为公园争取支持的过程中，那些居住于此并在此工作的人被视而不见。许多慷慨的捐助人居住在东部地区，他们认为，建立保护区虽不是一种"合理使用"（wise use，这一说法由美国国家林务局第一任局长吉福德·平肖［Gifford Pinchot］开创）的做法，但却可以保护自然不受人为破坏。西奥多·罗斯福（Theodore Roosevelt）总统等人也持有相同的观点，他在1903年5月参观大峡谷时宣称："就让它保持原样吧。"（这其中隐含的意思是：让峡谷保持空旷无人的原生态样貌。）

然而，为了完成使命，拯救北美红杉联盟必须雇用一名伐木工人。联盟与颇受信赖的伊诺克·珀西瓦尔·弗伦奇签订了合同。此人来自北加州，虽是樵夫，但博学多识。他受雇"巡视"树林，并对剩余的北美红杉古树数量给出准确估计。他的工作为测量森林中可用的木材量奠定了基础，这个数字将证明保护这些林木所带来的生态和经济方面的影响。根据弗伦奇的巡视，我们得知，一般的森林平均每英亩可产出约3万至4万板英尺木材，而北美红杉每英亩可产出6万至6.5万板英尺木材。而在北美红杉集中生长的布尔溪地区，这个数字飙升到每英亩20万板英尺。

弗伦奇还在自然保护游说与实地经验之间架起了桥梁。他明白，伐木这一职业已经被灌输了一种道德价值观，它建立在艰苦工作、独立自主、自给自足和熟练使用工具的理想之上。17岁时，他就开始与父亲一起为太平洋木材公司工作。那时候的他手头拮据，但弗伦奇知道，只要他进入森林，无论做什么他的老板都鞭长莫及。"我可以出去砍任何我能找到的树。"他回忆说，"所以我时不时地出去砍上十棵八棵，将它们劈成木材。人们从不会错过它们。"弗伦奇将原木加工成木料，在铁路沿线售卖，每千板英尺木材的净收入约为4美元。

1931年，弗伦奇成为北加州北美红杉州立公园的第一位护林员。每天早上他开车在公园中穿行，直到道路开始变得过于崎岖，他就停下车沿着公园的边界行走。当道路在雨季被冲毁时，他就坐在原木上顺着汹涌的河流前进，还把倒下的小树做成桨，用来掌控方向。来自洪堡北部德尔诺特县的女子园艺俱乐部在向公园捐款前慕名前来参观，弗伦奇依次背着每位女士过河。（他在1963年接受口述历史学家阿梅莉娅·弗赖伊［Amelia Fry］的采访时回忆说："她们似乎并不介意。"）该园艺俱乐部由捐资者组成，她们要求以其名义建造一个永久性的池塘。弗伦奇不得不解释说这是不可能的：北美红杉无法在积水中生存。诸如此类的要求令弗伦奇沮丧不已。他说，人对自然的误解在于，人们总是希望某些景观可以出现在自然中以满足自己的审美，但这和森林的天然属性相悖。

弗伦奇已经从偷偷摸摸拿走木头的伐木工人变成了负责保护这一资源的公园看守。当他成为护林员时，一根北美红杉原木可以卖到每千板英尺100美元。在他担任护林员的20年里，弗伦奇估计盗伐者偷走了大约 200 万到 300 万板英尺的木材，以及无数生长在林下灌丛中的蕨类和百合。"那些偷树的男孩我都认识，"他说，"我不想提他们的名字。我自己也是在那儿长大的……"

弗伦奇同样心知肚明的是，他自己也曾是一名盗伐者，通过在铁路沿线卖木头赚取额外的钱。不过，他最终还是谴责了这种行为。"如果有人在公园里猎杀鹿，在我看来没什么大不了，那只是一头鹿罢了。但是，如果一个人开着卡车来到这儿把树砍倒，那将需要 500 到 1000 年的时间才能让树木重新生长起来……"

"不管怎样，这就是我在这里工作的意义。"

再后来，弗伦奇称木材盗伐"令人同情"。

第 4 章　月球之境

> 很多时候，他们会把自己描述成失业的伐木工人……而他们的父母之前可能也干这行。
>
> ——菲尔·赫夫（Phil Huff），美国国家林务局特别专员

伊诺克·弗伦奇的北美红杉情结植根于他的祖祖辈辈。他的父亲是一名伐木工人，坚信人们应该保护北美红杉，同时也坚信自己有权利采伐北美红杉。弗伦奇相信森林的再生能力——有时候，巨大破坏后随之而来的是无与伦比的绚烂新生。比如洪水、滑坡和践踏灌木丛，"如果你真的想要了解真相，"他向历史学家弗赖伊解释说，"我只能说这是大自然更新换代的一种方式。"

弗伦奇担任北美红杉森林护林员期间，恰逢工人阶级的环保运动盛行之时。在这场运动中，工人们选择保护自然，反对过度开采，而不是与自然相互伤害。他的观点在20世纪初的一些访谈中得到了附和。例如，伐木工人查尔斯·E.亨特（Charles E. Hunt）说，伐木工人选择这份职业是为了能够在森林里生活。"也许伐木工人无法准确地用语言表达出对森林的感情。但他之所以留在森林里努力劳作，必与他深爱着的那些树有关。"

在美国经济大萧条的阴影下，富兰克林·D. 罗斯福（Franklin D. Roosevelt）总统将皆伐视为"事关全国的问题"，于是许多伐木工会开始倡导保护树木。美国国际木工协会（International Woodworkers of America，IWA）主席哈罗德·普里切特（Harold Pritchett）既是一名加拿大的木瓦工人，也是一名共产党员，他在西雅图的广播中解释了森林保护对于工人的意义：这一举措能够提供长期、稳定的就业机会，使人们得以在已被砍伐的土地上重新造林，同时也是对该地区的未来发展所做的承诺，是企业"砍完就走"的政策无法满足的。普里切特坚持认为，美国国际木工协会希望所有人都能理解"人类在森林中做了什么，以及森林为人类做了什么"。

紧随第二次世界大战而来的是房屋市场的繁荣以及木浆和用纸需求的增长，这导致大量的森林被砍伐，森林保护工作受到挑战。此时的政府宣称，木材是国家最重要的资产，它可以帮助国民重建更好的生活——这是"乐观主义阴谋"的一部分。在这个时期，建筑行业进入了产业革命，规模不断扩张，并以"让国家更强大"的名义建造了近500万套新住宅。这股热潮造成了创纪录的林木砍伐量和高就业率，促成了作为主要采伐方式的皆伐的出现。但它也留下了环境破坏的后遗症，将在日后引发更多环境保护的呼声。

在建筑热潮时期，加州小镇奥里克欢迎伐木工人及其家属来到周边群山上定居，当地人口最终膨胀到2,000人，锯木厂的数量增长到4家。学校的班级规模也相应扩大，雇用了更多的教师。

伐木公司缴纳了大量的税款，于是该社区可以完全依靠伐木业的兴旺运作发展。这是一个日新月异的社区——公路两旁是一排排整齐的汽车旅馆，人们还记得这些旅馆常有络绎不绝的伐木大货车光顾。"奥里克需要的只是时间。"一位居民当时对记者说。河床上安扎着临时营地，许多人家都住在帐篷里。"我们中的一些人住在空心树干里，或者旧木板搭起的简易屋棚中，但每个城镇在急速发展时期都会经历这种情况。过几年再来看看吧。"

随着工人们大量涌入，一个名叫约翰·古菲（John Guffie）的人也被吸引到镇上来。古菲最初学伐木是父亲教的，他跟随兄长一起练习。父亲告诉他，如果他能成为一名优秀的伐木工，就拥有了永不失业的"铁饭碗"。他在北卡罗来纳州的西部长大，有兄弟姐妹九人，伐木是他生活中很重要的一部分，他认为自己是在耳濡目染中学会了这门技能。"这是一份人生经历，我的理想就来自这里。"他解释说。

然而，北卡罗来纳州的伐木工作也难逃消亡的命运。1955年，古菲搬到了洪堡县，追随一个已经在那里谋得了一份伐木差事的兄弟。古菲婚后育有三儿一女。他的妻子吉蒂（Kitty）身强力壮，并因此小有名气。虽然她的体重不到110磅，但人们经常看到她抡起大锤干活。古菲一直担任伐木主管的职位，在洪堡各大木材公司之间几度跳槽：从哈蒙德木材公司到乔治亚-太平洋公司，最后到了乔治亚-太平洋公司的子公司——路易斯安那-太平洋公司。他为穿着尿布坐在伐木设备上的孩子们拍照，给儿子们报名参加美国青少年橄榄球培训。他还成了一名牧师，有时主持婚礼。

但就在古菲来到这里不久，奥里克的地理环境被永远地改变了。

梅溪流域与各大水路相连，造就了草原溪和北美红杉溪流域。这些水路是洪堡县生态系统的命脉——北美红杉对水的依赖程度，丝毫不亚于它对所扎根土地的仰仗。北美红杉的树干高耸入云，沿峭壁海岸而来的雾气使树木的叶子水润充盈。由于沿海一带的北美红杉树形高大，根部吸收的水分往往无法运送至高处的树冠。在干旱月份，北美红杉对雾气的依赖和它们对一场滂沱大雨的渴求一样强烈，树叶会吸收雾气中的水分和营养物质，例如氮。树木自身的这项功能让根部得以解放，可以自由地储存地下水，从而防止河岸地带干涸。即使在干旱时期，腐烂在森林地面上的倒木也常常潮湿润泽，它们为整个森林的生物提供水源。但是，有充分的证据表明，一旦森林被持续砍伐、贩卖或受到超出自然节律的干扰，它们就无法再茁壮成长。而此时的北美红杉林正在遭受严重的过度砍伐。

在皆伐过程中，表层土壤不断流失，溪流被推土机铲成道路。古菲到达洪堡时，这些活动正在北美红杉林中声势浩大地进行着。森林不再能够涵养大量的年降雨，水路开始泛滥。树木根系严重受损，次生长不足，灌木丛生长受限，这使得土壤的稳定性变差。在森林深处修建运输原木的道路，加速了土壤侵蚀和栖息地的破坏。1955年12月，暴雨浇透了加州的北海岸，短短三天内，降水量就超过了 24 英寸 *。狂风吹断了树枝，然后被湍急的水流带下山坡，一路冲向奥里克小镇。

暴雨如注。很快，地表再也承受不住泥土巨大的重量，山体开始滑坡，有着 1000 年树龄的北美红杉倾倒在地，整片区域被泥沙和淤泥覆盖。一位居民记得，当时人们把整座房屋"捆绑在伐木卡车上"，以防它们被水冲走。该地区的一名护林员将劫难之后的森林描述为"月球之境，山脉的原始边缘都暴露出来"。

但在灾难过后，伐木活动并没有减弱。1964 年，雨水再次袭击了山林，又一场来势汹汹的洪水席卷了整座小镇。包括塞拉俱乐部**在内的许多环保团体开始为之紧张担忧。塞拉俱乐部与拯救北美红杉联盟一道，希望人们可以制定保护措施，暂停该地区的皆伐。洪水将工业伐木的负面影响暴露得淋漓尽致，为环保团体倡导建立国家公园提供了有力的现实证据和情感支持。

古菲说，第二次洪水过后不久，也就是他搬到洪堡的第十年，他去参加路易斯安那-太平洋公司的会议。当他听到将该公司持有的部分土地转变成国家公园的提议时，他一下子挺直了后背。"我想，就像其他事情一样，这不过是又一个政客在为自己的仕途做谋划，而不是为老百姓考虑……他们剥夺了你的工作，却还要告诉你这是在为你提供帮助。"

为建立国家公园而进行的游说活动迫切地展开。1968 年 4

---

* 1 英寸约为 2.54 厘米。
** 塞拉俱乐部（Sierra Club），又译作山岳协会，由著名环保主义者约翰·缪尔于 1892 年在加州旧金山创立。

月，美国众议院国家公园和休闲小组委员会对北加州进行考察时，记录了数百份声明。4月16日举办的听证会上，奥里克一家汽车旅馆的经营者简·哈古德在小组委员会主席的面前表示，她相信，对小镇而言，由旅游业推动的国家公园经济会比在繁荣和萧条间大起大落的伐木经济更具可持续性。但是在当地人中，和她一样支持环境保护的人寥寥无几。当塞拉俱乐部成员在洪堡与当地的支持者会面时，他们谨慎地把车停在几个街区之外，小心翼翼地维护居民的隐私，因为当地支持者不愿意让邻居们发觉他们赞同这项提议。

将木材采伐区（曾被授权采伐的区域）移交给国家公园管理局的提议并没有得到广泛支持。这些采伐区有的为私人所有，有的则由林务局管理。同样在那场听证会上，哈古德表达了她对建造国家公园的支持，她的邻居玛丽·卢·康斯蒂克（Mary Lou Comstick）则认为，关闭奥里克附近的两个木材厂会给该镇的牧场和乳制品产业带来损失。许多当地工会强烈抗议建造公园。他们派出包括牧场主罗恩·巴洛在内的成员，举着印有"别让公园夺走我们的工作"口号的牌子，或穿着印有"伐木家庭：濒危物种"的T恤衫，在公共公园的咨询服务处聚众抗议。他们说，在公园大楼里做看门人，永远无法为他们提供伐木所能带来的收入和机会。与此同时，小组委员会收到了来自华盛顿州的一位林业专家的警告，他将奥林匹克国家公园（1938年指定的占地90万英亩的国家公园）描述为该地区未来的缩影，"公园周围城镇和社区的经济与人口增长，远远低于整个州的平均水平"。

面对所有这些反对意见，美国内政部建议对那些受影响的社区（如奥里克）提供财政救助。拯救北美红杉联盟建议，伐木社区应当获得补偿，以弥补他们在税收上的损失。同时，政府应以逐步递减的方式为他们发放救济金，直到旅游业的收入能够抵消社区在伐木产业上失去的收入。但该联盟的执行董事牛顿·B.德鲁里事后也承认："（伐木社区）是否能完全恢复活力，是一个至关重要的问题。该地区的旅游是受限制的，而且也应该有所限制。"相应地，奥里克商会要求公园内不能设有餐饮摊位，不能提供餐饮服务。这样一来，游客就不得不在镇上消费。

历经长达两年的时间，国会最终通过了建造国家公园的议案，58,000英亩的北美红杉林地得到保护，其中包括约18,000英亩的北美红杉溪流域。北美红杉国家公园于1968年10月2日正式成立，其边界正好与奥里克小镇的边缘重叠。按照要求，公园范围内没有设立任何售货亭或露营地，这意味着游客必须在镇上加满油箱、搭建帐篷、驻足果腹。

提及建立北美红杉国家公园的历史遗留问题，人们往往把目光集中在联邦政府吞并私人土地，并将其纳入公共土地的做法，而不是国家公园对该地社区产生的影响。虽然伐木公司的利润损失得到了补偿，但政府许诺给工人的救济金却从未兑现。木材厂关闭了，伐木公司也在公园占据其土地后迅速从该地撤离。接下来的经济发展主要依托于服务业：加油站为游客的汽车加油，简·哈古德的汽车旅馆为他们提供睡觉的地方。第二年夏天，伯德·约翰逊（Bird Johnson）*女士为国家公园举行了落成典礼，其中一片北美红杉老龄林以她的名字命名。

伐木工人约翰·古菲则成立了自己的木材公司，在剩余的森林里开辟出自己的一片伐木天地。

虽然有人认为1968年是奥里克经济开始出现问题的节点，但这只是接下来几十年缓慢演变的开端，它为长期失业和住房率下降埋下了伏笔，引发了民众对政府当局的反对情绪。这一情绪不断郁积，最终在20世纪八九十年代，一场木材战争爆发，席卷了整个太平洋西北地区。

随着国家公园的建立，20世纪60年代末和70年代初，大量的新移民涌入加州北部。在海特-阿什伯里街区（Haight-Ashbury）**的嬉皮士梦想破灭的阴霾之下，许多人在反主流文化运动中前往北方地区。他们在阿克塔（Arcata）和加伯维尔（Garberville）等城市发现了濒临消失的伐木村庄、大量的可用空间和社区。这些新居民中的许多人被认为"掀开了北美红杉幕布"，意思是说通过把外面的人带进来，缓解了该地区的文化隔离。洪堡县南部很快被赋予"南洪"这一别称，成为新农政运动中让人

---

* 美国前总统林登·约翰逊的夫人。
** 20世纪60年代后期，随着嬉皮士文化的广泛传播，来自美国各地近10万年轻人涌入了加州的海特-阿什伯里街区，寻找个人的自由与文化政治上的反叛，海特-阿什伯里街区也因此成为嬉皮士文化的"圣地"。

有机会拼搏一番的希望之地。作家戴维·哈里斯（David Harris）观察到，有两种人住在洪堡："那些看起来像是刚从海军陆战队退役的人，以及那些像是刚从'感恩而死'*演唱会出来的人"。

前伯克利政治活动家延特里·安德斯（Jentri Anders）在一本关于洪堡的书中写道，"洪堡当时正在经历一场'声势浩大的变革'"。她住在南洪，凭借自己在反主流文化领域中的有利地位向当地报纸的编辑提交了大量的信件。由于加州北部正在经历因木材厂关闭导致的经济外流，洪堡县和门多西诺县（Mendocino County）的回乡者得以在"以往未曾开发的流域"定居。回来之后，他们目睹了伐木业是如何影响了他们曾希望逃往的自然世界。他们发现自己的水源被伐木地使用的杀虫剂所污染，哀叹围绕伐木而起的资本主义的猖獗，这与他们奉行的原则背道而驰。在安德斯看来，嬉皮士和木材工人的融合是"泥沙俱下"——这是一个在反主流文化下定义自己的新社区，试图将自己（和自己的想法）融入一个先前建立的社区中，该社区因自然资源的开采而兴旺繁荣，也因此饱受痛苦。

与此同时，许多环保主义者仍然对1968年创建的北美红杉国家公园中的森林保护量感到不满。1976年，内政部提议进一步扩大公园面积，以保护位于北美红杉溪最上游处的48,000英亩的土地，因为该地块的森林不久将被砍伐。在提议中公园里受保护森林的规模将增加到106,000英亩，一些小型公园也被纳进来，它

---

* "感恩而死"（Grateful Dead）是美国摇滚乐队，反主流文化运动的代名词。

们在过去的十年里如汪洋中的小岛般孤立无援。与此同时，提案还允许修复那些曾经被砍伐过的土地。

洪堡县的伐木社区发现，他们将面临更多工厂倒闭的前景。如果公园扩建计划得以实施，预计将有超过 1,300 人失去工作，其中包括 611 名伐木工和木材厂工人。1968 年，旅游业未能肩负起弥补经济损失的重担，现在也是一样，人们不能指望旅游业来填补缺口：虽然在 20 世纪 70 年代，每年有超过 40 万游客参观北美红杉公园，但很多人直接开车经过奥里克等城镇，并没有停车逗留。相反，他们把车停在北美红杉公路的停车点和短途徒步小径的起点。

木材公司、卡车司机工会和伐木工人对公园扩建进行了抵制。（"工作机会不会从树上长出来"是当时的流行口号语，大量出现在该地区的标牌上。）在公共活动中，发言者们恳求公园和政府代表"为大众谋取福利——而不是强迫我们接受福利"。投资公司阿克塔国营公司的高管威廉·沃尔什（William Walsh）向美国参议院委员会阐明："对北美红杉生长至关重要的寒冷、雨水和雾气使该地区对度假者缺乏吸引力。"

该地区剩余的伐木公司再次得到联邦政府的财政补偿，以缓解公园扩建造成的影响。这一次，额外的补偿资金被用于失业人员再培训、就业岗位保留以及社区经济发展。政府承诺投资 3,300 万美元用于该流域的修复项目，并承诺雇用前伐木工人和木材厂工人来承担这些工作。另有 2,500 万美元被指定用于"北美红杉雇员保护计划"，该计划为那些在伐木行业中失去工作的人提供收入和福利。国家林务局被要求考虑在附近的六河国家森林增加伐木活动。值得注意的是，内政部也收到指令，要雇用因公园扩建而失业的人，来填补公园的60个新岗位。

这些提议并没有缓解伐木家庭的担忧。内政部长塞西尔·安德鲁斯（Cecil Andrus）预测了公园扩建将带来的社会影响："我们所面临的将是个体问题。比方说，某人今年50多岁，成年后的大部分时间他都在森林里开着卡特伐木机。他从出生起就生活在这附近的某个小镇上，很难再搬到其他地方，也很难学会其他技能。"

到1977年，洪堡的伐木工人深感他们的呼声没有被内政部听到，不满日益加重。于是，他们组织了一个卡车车队，从尤里卡开往华盛顿特区，并选了一家他们认为支持环保工作的媒体进行独家报道。奥里克的居民举行了意大利面晚餐聚会、烧烤和彩票抽奖活动，为这次行程筹集资金。他们伐倒了一棵北美红杉枯立木，并将其装在卡车的后车厢。"这是为了告诉大家树木在垂死挣扎。这家伙再过几年就会倾倒在地，慢慢腐烂，最后消失。"退休的伐木工人史蒂夫·弗里克（Steve Frick）在他奥里克的家里解释说。

这个名为"与美国对话"的车队由一辆红色半拖挂车带领，上面拉着一块雕刻成花生形状的北美红杉木头，其长度为19英尺，重量达19吨——因此又名"花生车队"。车队此行的最终目的是将这件雕刻送给吉米·卡特（Jimmy Carter）总统——他本人是一名种植花生的农民。"对你来说这可能微不足道*，但对我们来说这是工作！到底要建多少公园才够呢？"卡车上的标语写道。

1977年5月，车队从尤里卡出发，途中有来自华盛顿、俄勒冈和阿拉斯加的卡车司机加入。这趟行程耗时九天。沿途他们在里诺、盐湖城、底特律和其他城市停留，伐木工人们在市中心集合，向公众分发北美红杉树苗，并阐明他们反对公园扩建的理由。但是在公路上，伐木工人受到了大量的抵制。车队的行程时不时被迫中断，有人朝他们竖中指，并对司机破口大骂。"他们强烈反对我们所做的事，"弗里克说，"他们认为应该把所有这一切都锁在高墙内。"

一到华盛顿，身穿工作服、头戴安全帽的伐木工人就在国会大厦的台阶上聚集起来，举行抗议活动。他们将卡车停在国会大厦外，并放出消息说为总统准备了一份礼物。拉着北美红杉木雕的卡车就停在附近，当时还有人朝他们洒水。卡特总统委派了两名助手前去倾听伐木工人的诉求，但拒绝了那件巨大的"花生"礼物，称其不合时宜，且是对美国珍贵木材的浪费。卡特的特别助理斯科特·伯内特（Scott Burnett）对他们说："制作这件雕刻已经对木材造成了一种不切实际的浪费。我们希望看到它能被用来做一些实际的事情。"

就这样，弗里克一行人打道回府。他手握伐木卡车的方向盘，行驶在穿越科罗拉多州的公路上，此刻的他怒火中烧，又感到疲

---

* 此处原文为"It may be peanuts to you"，取双关之义。

惫不堪。这时，一辆大众牌面包车行驶到弗里克的卡车一旁，车上的乘客对他竖起中指，透过窗户冲他大声叫喊。通常情况下，弗里克会给他们让行，但前面的卡车司机通过民用无线电告诉他："我要逮住他们，把他们拦下来。"于是，两人把面包车夹在中间，挡住了它的去路，迫使它加速。

弗里克的卡车开始朝着一条沟渠滑去，他的妻子坐在副驾驶座上，吓得尖叫起来。这让弗里克和他的同伴分了神，面包车趁机离开。然而，在一个山脚下，车队再次追上了这辆面包车，此刻它正停在一个电话亭旁边。弗里克前面那辆车的司机停下车，利用卡车的车架把自己荡起来，两只脚落在面包车的挡风玻璃上，猛地一下将其踩碎。后来，车队是在警察的一路押送下离开了科罗拉多。

最后，公园在一片反对声中进行了扩建。塞拉俱乐部和拯救北美红杉联盟等团体利用公众的环境负罪感鼓动城市支持者，抬升他们进一步保护北美红杉的热情。森林社会学家罗伯特·李（Robert Lee）认为，城市居民更有可能对自然抱有愧疚。"这归咎于城市居民与自然的疏离，而非因其对自然抱有同情。"李在一项研究中这样写道，"他们极有可能将树木视为永生不朽的象征。"相比之下，乡村居民"则可以在热爱自然和砍伐树木的自相矛盾中生活。这是一种接受，对生活本质的接受"。

塞拉俱乐部的主席埃德加·韦伯恩后来告诉历史学家弗赖伊："人们（对北美红杉）几乎怀有宗教般的情感。我认为这是（公园扩建）计划被推迟的关键原因。"

那件北美红杉花生雕刻如今仍被放置在奥里克的海滨熟食市场外，它将在雨中慢慢腐烂，支离破碎，重回地底。而这，也是那一场战斗留下的印记。

第 5 章　区域战争

> 该死的,这很痛苦。他们夺走了所有,我们失去了一切。
>
> ——克里斯·古菲

1982 年 10 月,德里克·休斯出生在内华达州的斯帕克斯(Sparks),他的父母是丹尼斯(Dennis)和林恩(Lynne)。在德里克蹒跚学步的年纪,他的父母就离婚了。后来他跟随母亲和姐姐搬到萨克拉门托(Sacramento)。在那里,他的母亲遇到了拉里·内茨(Larry Netz)并嫁给了他。拉里和林恩想在一处生活成本比较低的地方安家,于是在 1993 年,德里克刚上六年级的时候,他们搬到了加州北部,在阿克塔定居下来。

自北美红杉国家公园扩建以来,已经过去了十余年。据美国统计局 20 世纪 90 年代初的一项研究报告表明,洪堡县为解决伐木工人的再就业问题而推出的经济与就业计划并没有发挥应有的作用。报告指出,许多人得到了他们本不应享受的福利,同时,该笔福利款项可能会导致工人不愿再去寻找新的工作。因此,再培训计划也不得不推迟进行。截至 1988 年,政府已花费 1.04 亿美元用于解决 3,500 人的再就业问题,但其中只有不到 13% 的人接受了再培训。该地区出现的所有经济复苏现象都归功于退休人员的大量迁入。"从来没有这么多人（退休人员）为这么少的人（失业人员）付出这么多。"一位批评者一针见血地指出了当地的资金问题。

该报告证实了过去十年来太平洋西北地区的财政情况，该地区已进入经济动荡期。在公园扩建后的二十年里，一场被称为"木材战争"的战斗在太平洋西北地区四处蔓延。在加拿大，这场战斗被称为"森林战争"，它在温哥华岛的克莱奥科特湾（Clayoquot Sound）的决战中达到高潮，同时，海达瓜依群岛（Haida Gwaii）也出现了众多抗议活动。德里克·休斯到达洪堡县时，民众的怒火正在该地区熊熊燃烧。

20世纪80年代初，经济衰退，建筑材料需求的锐减引发了经济动荡，与此同时，伐木业开始大量裁员。俄勒冈州的失业率在1982年达到了20%，整个地区的伐木公司不顾工会协议，违规削减时薪。社会动荡，经济晦暗，这是每个家庭被迫面对的现实。1983年，一项关于失业及其后果的研究报告提示读者们莫要忘记："统计数据背后是一个个活生生的人。"

1990年，就在经济刚刚开始恢复时，斑林鸮西北亚种被《濒危物种法案》（Endangered Species Act）列为濒危物种。这些被当作生态系统健康指示性物种的小鸟与卡斯卡迪亚*的伐木社区共

---

* 包括哥伦比亚河流域和卡斯卡迪亚山脉周围地区。卡斯卡迪亚生物区从北部的阿拉斯加沿海延伸至加州北部。——原书注

享一片生物区，因此社区被彻底改变了。斑林鸮需要大片的老龄林来生存，而在 20 世纪 60 年代和 70 年代，由于皆伐的盛行，古树资源枯竭，该物种的生存受到了严重威胁。伐木公司常委托植树项目培育新树，但斑林鸮是最好的例子，解释了为何仅凭人为的努力无法再造森林。通常，人们会在次生林地上种单一树种，如花旗松，以便树木迅速生长，较快地产出木材。但斑林鸮（以及其他物种，尤其是云石斑海雀）只生活在老龄林里：它们喜欢在粗大的树干上打洞筑巢，而且这些参天古树也为其捕猎提供了得天独厚的环境。

自那时起，任何破坏斑林鸮栖息地的伐木活动都受到明令禁止。只要看到有斑林鸮从树枝间掠过，伐木者就有义务进行汇报，紧接着，所有的伐木工作都会被叫停。这种鸟成为了华盛顿州、俄勒冈州和北加州环保主义的吉祥物——它代表着森林在不被打扰时应有的面貌。斑林鸮被列为濒危物种，这对塞拉俱乐部等团体来说是一个福音，他们开始进行诉讼（以及抗议和游说活动），将其作为阻止伐木的一种策略。在这些针对国家林务局和私人公司的诉讼结果确定之前，一切伐木活动都被暂停。劳工历史学家埃里克·卢米斯（Erik Loomis）认为，这"破坏了环保主义者和伐木工人之间潜在的合作关系"，而后者是受工作机会减少影响最大的人。

与此同时，在温哥华岛的森林中也发生了一场类似的战争，岛上的那些森林公园最终将成为不列颠哥伦比亚省最具标志性的公园。20 世纪 70 年代中期，该省的《森林实践法》将岛上大部分剩余森林的控制权移交给了少数几家公司。进入 20 世纪 80 年代，随着皆伐的加剧，环境遭到严重破坏。例如，在实地考察中，林业工人注意到，皆伐区域"如同巨大的烤箱"，炙热的高温根本不利于新树苗的生长。"早在十年前，我们中的一些人就认识到树木砍伐得太多了，"当时一名伐木工人说道，"但没有人在意。我们人微言轻，别人对我们的警告置若罔闻。"

1993年4月，省政府发布了一项在克莱奥科特湾地区特设的伐木计划。该地区三分之二的老龄林将向公众放开采伐权。对此，环保主义者发起了抗议活动。活动不断升级，贯穿了整个夏天，并一直持续到当年秋天才结束。据估计，共有11,000人参加了为期5个月的抗议活动，这或许是加拿大历史上规模最大的公民不服从运动。

一边是自然受到严重破坏，一边是失业率激增，"森林战争"就此爆发：1980年至1995年，伐木业减少了23%的工作岗位。与此同时，木材产量却在上升，森林里到处可见皆伐的痕迹。伐木工人与环保主义者针锋相对，势不两立。跨行业和协调多方利益的工作组因此成立，但往往很快就解散了。在某些情况下，环保主义者退出了谈判，因为讨论进展缓慢，而伐木仍在继续。伐木工人组织了反抗议活动，他们对媒体表示，希望自己的孩子能有机会在森林里工作。一些公司策划了大规模的罢工，总计有15,000名木材工人参与其中，成为不列颠哥伦比亚省史上规模最大的群众抗议活动。

即使是岛上的小城和乡镇之间也存在显著差异，这足以激起人们的愤怒，致使他们做出轻率的判断。"克莱奥科特湾之友"是发声最积极的环保活动团体之一,它的总部设在风景如画的小城托菲诺(Tofino),那里的房价是附近小镇尤克卢利特(Ucluelet)的两倍,后者是工人阶级居住的伐木镇。尤克卢利特的失业率是托菲诺的两倍之多,托菲诺的工作岗位多为管理类或传统中产阶级性质的工作。相比之下,尤克卢利特提供的工作则与工业相关,更具体而言,是生产制造业。这两个社区反映出工人和环保主义者之间的巨大分歧。

随着绿色和平组织开始进一步参与到反对伐木的抗议活动中,环保主义者和伐木工人之间的尖锐冲突也随之升级。该组织用卡车运来岛外的抗议者,并为反对伐木的公共活动提供经费。当地人批评绿色和平组织不尊重伐木工人的诉求。该组织煽动的对立情绪令居住在温哥华岛上的部分成员失望不已,他们最终选择了退出,不再参与那些阻碍伐木工人上班的抗议活动。纳尔逊·基特拉(Nelson Keitlah)是努查努阿特委员会(该委员会致力于阻止伐木)的领袖,他指责许多活动家在这场辩论中完全可以置身事外,因为砍树与否和他们"实际上没有利害关系",他们的抗议阻碍了任何合作发生的可能。(绿色和平组织后来声称,基特拉的组织已经被伐木公司收买了。)

抗议者在伐木林地的树顶上和入口处建立起营地,最终超过900人被逮捕。但经此一役,抗议者们成功迫使不列颠哥伦比亚省政府对克莱奥科特湾地区34%的森林采取了保护措施。

所有这一切都发生在太平洋西北地区经历快速社会变革之时。波特兰、西雅图和温哥华的经济开始转型,高科技产业取代了航运、重工业和出口业。这种转变不仅体现在组织运作方面,也体现在价值观和道德伦理层面。许多人艰难挣扎,眼看着自己的舆论形象从"创造价值的工人"堕落成所谓的"不辨是非的家伙"。木材工人深陷两难的境地,一边是经济收入,一边是受雇企业,而这些企业给予他们的待遇往往很差。他们想要的是工作,而非环保主义。

工会面临着帮助其成员应对社会变化的挑战。他们选择煽动反环保主义的怒火,拒绝回应反对公司关于过度伐木的战前警示。然而在现实中,木材行业就业机会的减少归咎于多种原因,其中就包括过度采伐。木材公司将森林工作机械化,并将原木出口到亚洲进行加工。几十年来,该行业的就业率持续下降:20世纪初,从事伐木行业的工人在华盛顿州和俄勒冈州分别占到63%和52%,而到了1955年,该行业成千上万个岗位已经销声匿迹。到90年代中期,俄勒冈州只有6%的人口靠伐木业为生。据报道,一些靠伐木为生的家庭只能住在帐篷和露营车里,但他们认为自己与这片土地紧密联系在一起,因此拒绝搬离。当然,更多人不搬离此地的原因是他们年纪太大,难以接受再培训,且许多人的受教育程度仅有高中水平。

以皆伐为主的大型公司处于这一变化的中心,无论它们是采伐花旗松还是北美红杉古树。从1850年到1990年,伐木造成了96%的北美红杉消失。1985年,休斯敦商人查尔斯·赫维茨(Charles Hurwitz)通过收购太平洋木材公司购买了洪堡当地数英亩的北美红杉古树;这样一来,他就拥有了该地区大部分剩余的北美红杉林。赫维茨的收购资金来自垃圾债券*的收益，为了让投资迅速回本，太平洋木材公司将木材采伐量增加了一倍，侵吞工人的养老金，出售资产，并将其业务重心从选择性伐木转移至皆伐。一张照片显示，仅在收购完成的几星期之后，赫维茨就和他的儿子们在树林里观看了一场"伐木表演"，下面山坡上的北美红杉林被砍伐殆尽。这种对正在锐减的珍贵资源赤裸裸的漠视震惊了环保主义者，引发了整个地区的大规模示威游行。舆论斗争愈演愈烈。而在伐木者看来，向皆伐抗议等同于向伐木工作抗议，是对一种濒临灭绝的生活方式的蔑视，也是对森林抱以浪漫情怀的执迷不悟。

与此同时，除了赫维茨所供应的国内市场之外，另一个北美红杉市场也已经形成。欧洲对北美红杉的需求正在迅猛增长，人们把树瘤制成家具或豪华汽车里奢华的中控台。树瘤是树木增生的组织，其表面疙疙瘩瘩，起伏不平。它从北美红杉的树干或其底部的林地中长出，与树木的根系交织缠绕。最大的树瘤生长在地下，靠近根部。（最令人叹为观止的树瘤标本掘采于1977年，直径为41英尺，重达525吨。）每块树瘤剖开来都是光滑无节的木材，当中蕴含着一个演化了数千年的树种的大部分DNA。这种木材十分华美，在加工时甚至无需染色，只需抛光即可。

按照合同，伐木公司还享有采伐地下所有树瘤的权利。伐木工人会带着镐头进入森林，在树干的底部挖掘，并留意地下突起

---

* 英文junk bond，也称风险债券，特点是利息高、风险大，常用于迅速集资而被收购。

的部分，它们看上去就像园子里的洋葱。伐木工人利用挖掘机使整棵树或树桩变得松动，直到树的根系断裂，"噼啪"一声将其带倒，并把根部连同附着在上面的大块树瘤一起从土壤里翻出来。

树瘤上常常布满新芽和嫩枝。当一棵北美红杉倾倒在地，或从根基处被砍断时，树瘤便会孕育而生，透过土壤冒出新的枝芽，于是这棵北美红杉的一小部分重获新生。在《林地》(Woodlands)一书中，树木研究员、历史学家奥利弗·拉克姆（Oliver Rackham）认为，树瘤演化出自行发芽的能力或许是为了抵御恐龙的啃食。"但即使是威猛的恐龙又能对这些参天巨树做什么呢？"他补充道。

伐木工人先用反铲挖土机或挖掘机钩住树瘤，再将它拖至一处地面，清洗干净后用链锯对其进行修剪。来自德国和意大利的出口商会专程飞过来查看这些树瘤，一名伐木工人回忆说："有钱的老头子们沿着树瘤走走停停，挑选出他们想买的那些。"在20世纪90年代初，树瘤的售价约为每磅10美分，但在某些情况下高达每磅5美元——若是重达15,000磅的树瘤，则会带来一笔不菲的收入。一块树瘤以45万美元的价格卖给一个汽车制造商，或者一个买家一次带回家100吨树瘤，这类情况非常普遍。据伐木工人回忆，有时候伐木队会瞒着土地所有者砍伐超过配额量的树瘤，将利润饱其私囊。

"木材战争"中的另一阵营是抗议者群体，达里尔·切尔尼是其中的代表。他从曼哈顿逃到俄勒冈州，然后一路向南，到达加

州的加伯维尔。20世纪80年代末，他来到洪堡县，并加入了嬉皮士社区。该社区的居民因伐木业对周围土地造成的影响愤怒不已。切尔尼成为洪堡反伐木运动的关键人物，其团队成员采用"栎树""河流""和谐"这样的词语作为自己的中间名。其中最出名的是朱莉娅·蝴蝶·希尔（Julia "Butterfly" Hill），她在一棵属于太平洋木材公司的北美红杉的树冠上生活了多年，并将其命名为"月亮女神"。

  外界将这些被称为"树木拥抱者"的抗议者看作感情用事的环保主义者；在古板保守的伐木社区，他们并不被信任。许多伐木工人怀疑他们是从其他地方来的捣蛋鬼，目的是破坏一切。切尔尼曾对另一位活动家格雷格·金（Greg King）说，他能感受到树木被锯断时的痛苦。伐木工人则认为这种多愁善感是无用的浪漫主义。但沿海的北美红杉确实有自己特殊的演化方式，这让它们看起来有一种超凡脱俗的神奇魅力。例如，在被闪电击中后，北美红杉可能会"郑重其事地"生出一根新的树干，令扎根在它旁边的其他树木相形见绌。在一个著名的案例中，一棵140英尺高的北美红杉被宣布为"非同凡响的自然怪胎"，因为它是从另一棵北美红杉的主枝上长出来的。同样在这些枝条上，越橘丛生长在距离地面200英尺的树洞里，其整个生态系统完全独立于地面而存在。

  切尔尼积极参加了地球优先组织的洪堡分会，那是美国历史上最具影响力的环保活动团体之一。该组织的口号是"保卫地球母亲，决不妥协！"，标志则是一个高举的绿色拳头。切尔尼南下时发现，在整个太平洋西北地区，这个标志大量出现在汽车保险杠上。受爱德华·艾比（Edward Abbey）在《故意破坏帮》（*The Monkey Wrench Gang*）中的虚构性描述的启发，地球优先组织在20世纪80年代末开展活动，这为其冠上了"危险的激进主义"的名声，原因之一是他们采用"钉树"这样的手段，即把大钉子揳入树干，以此破坏伐木设备。伐木工人的生命安全因此受到威胁：有时候，机器在接触到钉子时出现故障，尖锐的金属碎片被弹射到空中。到了20世纪90年代，地球优先组织成为联邦调查局的监视对象，尽管那时洪堡分会的组织成员已经宣布放弃"钉树"的做法。

在洪堡，地球优先组织的成员重点关注的是河源森林，那是一片3,000英亩的林地，归太平洋木材公司的新任负责人查尔斯·赫维茨所有。此外，组织成员也会穿枝戴叶地乔装打扮一番，擅自进入其他种有古树的私人土地安营扎寨。到20世纪80年代末，洪堡的对立气氛加剧，任何从事伐木业的人都很容易将活动家和公园护林员视为一体，将生物学家与伐木抗议者混为一谈。

许多人对伐木业经济可行性的衰减感到不安，环保主义不可避免地成了替罪羔羊。伐木业被叫停，让人们看到了一个赤裸裸的现状：一夜之间上百人失去了工作。伐木工人发现自己正处于命运的十字路口，在多数情况下，无论他们做出什么反应都是反动且不恰当的。随处可见的保险杠贴纸和标志上写着：**救救伐木工人吧。为了斑林鸮，为了地球，我们只好去别的星球砍树了**。有一张贴纸完美地总结了这种仇恨与对立：**你是一名环保主义者，还是在为了**

第5章 区域战争

谋生而工作？

伐木工人对媒体就此次危机的描述感到沮丧：社论漫画中，伐木工人坐在树桩上，等待幼苗长成大树后再将其砍倒。在一幅讽刺画里，一个戴着人皮脸*面具的男子手握电锯，标题是《俄勒冈州电锯杀人狂》。这些都是对伐木工人的刻板印象，而不是对伐木公司的批判，所产生的效果只会让伐木工人与环境保护渐行渐远。1990年，华盛顿大学的社会学家罗伯特·李（Robert Lee）告诉报纸专栏作家吉姆·彼得森（Jim Petersen），这样发展下去，最终"人们会成为（刻板印象的）受害者"，在愤世嫉俗和抑郁的恶性循环中无法自拔。李认为，伐木社区的分崩离析会引发包括离婚和药物滥用在内的个人及家庭问题。

在林地上，对立双方都有过侵犯性的行为。一名伐木工人的妻子坎迪·伯克（Candy Boak）曾潜伏在活动家会议上，破坏了达里尔·切尔尼的第一次"坐树抗议"活动。一名抗议者在树林里故意接近一名伐木工人，抢走他的斧头，把它扔进了峡谷，抗议者也因此被伐木工人揍了一顿。之后，切尔尼在一次"坐树抗议"中被带走，他戴着手铐，对县法院外的一群人说自己是"拯救北美红杉战斗中的战俘"。他开始与一位名叫朱迪·巴里的前工会组织者持续合作；在搬到洪堡之前，巴里曾在马里兰大学学习，她声称自

---

* 此处指美国的恐怖电影《人皮脸》（*Leatherface*），该片为1974年的经典恐怖片《得州电锯杀人狂》的前传。影片讲述四个精神病犯人从精神病院逃出，并绑架了一名年轻的护士，他们一起踏上了血腥残酷的旅程。后面的《俄勒冈州电锯杀人狂》对应《得州电锯杀人狂》。

己在那里主修过"反越南暴乱"的相关课程。

巴里在加州找到了一份木匠的工作,她知道自己的对手不是伐木工人,而是路易斯安那-太平洋公司、乔治亚-太平洋公司以及赫维茨。她对讨论持开放态度,还参加了当地的广播节目,倾听伐木工人在电话另一端向她讲述他们的生活。"我是说,伐木曾是我的生活,"一个名叫厄尼的人告诉她,"伐木是一项传统。我们祖祖辈辈都在做这件事,只要森林里还有足够多的树,这件事就会接着做下去。"巴里认为她的角色是木材工人的信使,虽然对于她是否完成了该使命仍有待商榷。她的字里行间充满了沮丧:"总的来说,木材工人要么在为公司做着不法勾当,要么缄口不言。"她希望在该地区运营的公司没有轻易利用工人对经济不稳定的恐惧,同时,她也批评环保运动缺乏阶级意识。

很多像切尔尼这样的活动家参与了这场运动。他们来自五湖四海,尽管是他乡之客,但都积极参与到这个与他们初结缘分(如果有的话)的社区当中。他们偏爱使用暴力的言辞:例如,木材公司正在"强奸"森林。这与巴里脱不了干系——她将路易斯安那-太平洋公司的前首席执行官哈里·梅洛(Harry Merlo)称为"伐木界的终极纳粹"。她称那些反对环保主义的伐木工人"与密西西比的白人种族主义者并无二致……他们并非真正的聪明人,不过是随大流相信这个制度,被制度所利用"。在一次地球优先组织的示威演讲中,巴里丝毫没有表现出她对当地工人阶级伐木社区所谓的同情。她说:"这里是农村,近亲结婚已是司空见惯。这里的基因遗传库不大,有的家庭已经在这儿生活了五代人。"

伐木工人和木材加工厂的工人被这番言语激怒了——他们被指控"强奸"的森林正是他们徒步旅行和露营的地方，也是他们建造家园的地方。他们害怕未来没有木材可供采伐，这种焦虑很容易转化为愤怒："你们这些该死的共产主义嬉皮士，我要把你们统统杀了！"巴里记得曾有人在地球优先组织的路边封锁区大喊大叫。1990年2月，一名地球优先组织的成员用链条把自己捆绑在一辆正在等红灯的伐木卡车上。那名卡车司机后来告诉《旧金山观察家报》的记者："我觉得这片土地是属于我的。"

该地区的暴力冲突濒临沸点。巴里和切尔尼正在努力促使1990年的夏天成为"北美红杉之夏"——他们试图重启20世纪60年代的"自由之夏"*，但这次的焦点是环境保护。在1990年的夏天，活动家们打扮成猫头鹰，坐在森林里的大树上，并在鳗鱼河畔举办节日。同时，伐木工人约翰·古菲告诉承包商："别让那些急性子的工人出来干活，如果他们碰到那些用链条把自己捆绑在伐木设备和机器阀门上的人，就会惹来一场大官司。"在一家伐木厂举行的支持伐木的抗议活动中，一名妇女高举的木牌上写着令人惶惶不安的标语：**如果你们让我丈夫丢了工作，他就会拿我当出气筒。**

在"木材战争"期间，对伐木限制、环保主义和政府监督的

---

* 自由之夏（Freedom Summer），20世纪60年代发生在美国的一场黑人民权运动，该运动开始于密西西比州。

愤恨深深地扎根于伐木工人的心底。不管是在个人层面还是社区层面，伐木都是非常重要的收入来源。到 20 世纪 90 年代中期，国家林务局的护林员已经适应了链锯的伐木声，那些从深山老林里传出的此起彼伏的声音。在全国范围内，木材盗窃的案发率也在上升。

1991 年，国家林务局成立了一个木材盗窃特别工作组，派他们到森林里巡视树桩，监管具有高价值的树丛。三年来，特别工作组的成员在指定用于休闲娱乐的树林里开展树桩巡逻，对有价值的森林地块进行监管，并对之前在此地作案却侥幸逃脱的盗伐者进行调查。这些盗伐者中不乏白领和法人实体，他们越界砍伐，再通过锯木厂将违禁木材运走。

随着调查部门的成立，国家林务局和国家公园管理局也开始将工作重心转向警务监督和加强执法力度。1990 年，密西西比州海湾岛国家滨海公园的一名护林员被杀；同年，国家公园内发生了多起备受关注的武装斗争和毒品走私案件。自此之后，护林员开始转型为专业的执法官员，并接受警察培训。

木材盗窃特别工作组的足迹遍布于太平洋西北地区的软土之上。与此同时，调查人员也同样穿行于宾夕法尼亚州和佛蒙特州的繁茂树丛，以及俄亥俄州、纽约州和威斯康星州的州立森林。生长在东海岸的美国白栎、黑胡桃树和槭树具备其他方面的价值，人们对这些植物的需求量丝毫不亚于生长在西部的壮丽的北美红杉。

国家林务局试图通过诉讼和巨额罚款来阻止森林犯罪，但他们发现这种方式难以有效地劝阻盗伐行为。每天，护林员都会在地图和本子上记下树桩和被伐倒的树木的坐标。人们对木材盗伐存在一种臆断，认为它是很容易逃脱惩罚的罪行，尽管护林员们公开极力否认，但现实中，这种臆断是成立的：逃脱确实很简单，这就是为什么盗伐行为屡禁不止。特别工作组不仅追捕小规模作案的盗伐者，也审查大名鼎鼎的伐木公司，这其中就包括涉嫌在俄勒冈州国家森林里非法伐木的惠好公司*。

成立仅四年后，特别工作组就被解散了。至于国家林务局为何会做出这个决定，众说纷纭。真相的背后是不为人知的秘密和各种阴谋论：也许如一些环保人士所说，是惠好公司游说白宫，致使特别工作组叫停；也许是该部门在地方林务部门和国家公园管理局的地盘上过分地"大展拳脚"，且监督机制近乎偏执，让当地护林员颇为恼火。但国家林务局坚称，木材盗窃特别工作组的成员只是被重新分配到全国各地的地方政府工作。

最终，联邦政府出面，试图缓和太平洋西北地区的紧张局势——无论是在口头承诺上，还是在森林的实际工作中。

在1993年的总统竞选中，比尔·克林顿（Bill Clinton）承诺解决太平洋西北地区的不和谐问题。上任之后，他于1994年4月在波特兰安排了一次峰会。在峰会上，总统克林顿、副总统艾伯

---

* 惠好（Weyerhaeuser），全球财富500强公司之一，总部位于美国，主要经营林产品和纸品。

特·戈尔（Al Gore）以及当地的最高决策者坐在一张长长的木制会议室桌前，桌子被放置在会议中心的讲台上，周围是阶梯式的座位。每个座位上都坐着与西北太平洋木材业休戚与共的人：伐木社区的领袖、政治家、伐木主管、伐木工人、牧师、教师和该地区的生物学家。这些人的到来都是为了说明：若伐木业分崩离析，他们的生活和他们周围的世界会面临怎样的挑战。

美国生物学界的一些领军人物敦促大家以"谨慎和谦卑"的态度考虑森林问题。坐在克林顿总统对面的生物学家杰里·富兰克林（Jerry Franklin）说："森林的复杂远远超出我们的想象。"在接下来的几天里，这些专家概述了继续保持这种程度的采伐将会产生的后果：森林会成为稀缺资源，480个物种的生存将面临威胁。坐在桌前的还有来自"上帝部队"（即濒危物种完整性委员会）的成员和同行。该委员会有权对1973年的《濒危物种法案》进行补充和设置例外；本质上说，该委员会扮演着上帝的角色，操纵各类物种的命运。

历史学家、社会科学家和生物学家坐在一起，简要概述了伐木业在该地区的历史和自我认同中发挥的强大力量。副总统戈尔在峰会开幕式上承认，伐木业已经成为这个国家的文化遗产。之后，一名伐木工人介绍了伐木是如何在他的家族中传承了200年之久。华盛顿州福克斯镇的一家木材加工厂的老板说，他的"美国梦变成了噩梦"，一个充满了"血泪与伤痕"的噩梦。加州大学伯克利分校的贫困问题研究员路易丝·福特曼（Louise Fortmann）解释了为什么政府和扎根于城市的环保组织等外部力量会"激怒"

伐木社区的居民:(这些组织)成员不会受到任何决策的影响,他们在伐木社区没有亲戚朋友,他们工作起来冷酷无情。

娜丁·贝利(Nadine Bailey)是北加州的木材工人代表,她是一位母亲,也是伐木工人的妻子。由于伐木限制的收紧,她的丈夫丢掉了工作。她说:"我们需要一个有当地人参与的解决方案。不要给我们送钱……我们需要的是工作。我们需要那份自豪感。"

最激动人心的证词来自于西雅图的大主教托马斯·墨菲(Thomas Murphy)。他走遍了奥林匹克国家公园的道路,与当地人交谈,并在整个半岛的所有伐木城镇都待了一段时间。如他所言,他所见到的都是"痛失家园"的故事。"你们知道工作了二十年,然后睡在皮卡车里是什么滋味吗?"他问长桌前的每一个人,"一种生活方式正在死去。"

第二部分

主干

第 6 章　红杉之路

> 这里空无一物……整个小镇死气沉沉。
>
> ——丹尼·加西亚

　　北美红杉公路是加州 101 号公路中的一段，也是环绕太平洋海岸的一条公路主干道。它从洛杉矶向北延伸，穿过该州最北端的县城，进入卡斯卡迪亚的中心地带。如果你从洪堡县最大的城市尤里卡向北行驶，沿途你会看到比格潟湖和淡水湾，层层叠叠、水晶似的浪花和白沙滩尽收眼底。除却南部那些标志性的银光闪闪的海岸，洪堡县内也有一段绵延 110 英里的海岸线，这些崎岖的海岸线形成了加州范围内面积最大的不间断沙滩。当你到这里旅行时，眼前犹如一块巨幕缓缓拉开，峭壁与大海之间的旖旎风光一览无余。

　　奥里克坐落在北美红杉公路的一处小弯道旁，镇上的商店和住宅集中排成细细长长的一列。严格来说，奥里克算不得一个城镇，只是一处"政府指定的人口普查地"，这里仅生活着不到 400 人。（"我很确定那还要算上 80 只羊"，吉姆·哈古德［Jim Hagood］澄清道。他是镇上五金店的老板，他的母亲是汽车旅馆的老板简·哈古德，也是公园扩建的倡导者。）根据人口统计结果，奥里克当地绝大多数是白人，主要讲英语，年龄多在45岁以上。树瘤店是唯一保留下来的产业。这些店铺零零散散地分布在公路两旁，凭借工艺精美的雕刻和造型独特的桌子吸引过往游客驻足。20世纪70年代是树瘤产业的黄金时期，在通往北美红杉国家及州立公园边界的公路上，沿途开了十几家树瘤店。而现在，只剩不到五家。（2021年我再次到访时，又有两家刚刚关张。）

现存的北美红杉生长带只有35英里宽，犹如一条沿着加州海岸山脉绵延的狭窄丝带。它也代表着地球上最古老的生态带：这片仅仅两英亩的土地容纳了接近1万立方米的生物量。此地以北，从俄勒冈州到不列颠哥伦比亚省，生长的树种变得更加多样：北美乔柏、槭树、黄扁柏、花旗松。这四种树都位居世界最高的树种之列，主干可高达100米。虽不如北美红杉那般能够抵御洪水，但它们的生长速度快，能产出上好的木材，且质地轻盈，价值颇高。

奥里克是通往这些森林的入口，特别是那些北美红杉古树，它们受到国家公园管理局和加州州立公园的保护，这两个机构共同管理着该镇周围的所有森林。奥里克是公园管理机构南方运营中心的所在地。世界上剩余45%的海岸北美红杉老龄林都生长于此，这里还滋养着（目前已知的）地球上最高的树木。这片区域曾经被200万英亩的海岸北美红杉林所覆盖，如今在450英里长的路段上，仅有4%的北美红杉林留存下来，其中大部分生长在101号公路沿线。

1993年，当林恩·内茨最初来到洪堡时，她的工作是为灰狗巴士线*代售车票。闲暇时间,林恩和家人沿着蜿蜒的公路自驾游玩,一路途经麦金利维尔(McKinleyville)和特立尼达(Trindiad)等木材工厂小镇。有的时候,他们会在北美红杉国家公园里骑马,一路沿着奥里克的边界前行,西边就是太平洋,海水拍打着峭壁绝岩。偶尔会有鲸鱼光顾这片海岸,来吃洄游至此的鲑鱼。这些鲑鱼所在的潮池距离凉爽庇荫的森林只有几步之遥。

根据年轮测量出的最古老的海岸北美红杉树龄高达 2200 岁,在它生命之初的岁月里,汉尼拔**率领象兵翻越了阿尔卑斯山。现在,那棵树残存的一点树桩在理查森丛林州立公园里得到了保护。但在洪堡,树龄同样悠久的树木如今仍然遍布于森林各处——早在希腊和罗马的哲学家把大树称作"生命的物质"之前,它们就已经是古树了。的确,未受人类干扰的北美红杉几乎可以永生不朽:当火焰触及北美红杉树干时,它的树皮会利用单宁这种化合物来保护树木免受伤害。一些北美红杉的树皮开裂,形成长而深的缝隙,由此脱落的树皮经测量有两英尺厚。北美红杉之所以长寿,是因为它们能够从老树的树干和根部萌发新的树木,就如同人类一样代代延续。生物学家唐纳德·卡尔罗斯·皮蒂(Donald Culross Peattie)在《北美树木博物志》(*A Natural History of North American Trees*)一书中写道:"我们几乎无法得知北美红杉生命的终点到底在哪里。因为它们会改变方向,继续生长。"

---

* 灰狗巴士线公司(Greyhound Bus Line)成立于 1914 年,是北美最大的长途汽车运输公司之一。

** 汉尼拔·巴卡(Hannibal Barca,公元前 247—前 183),北非古国迦太基军事家。

北美红杉是吸引游客到该地旅行的核心景观。有一个专为游客设置的车站，名字就叫"大树站"，位于一棵离梅溪不远的北美红杉旁。这棵树高达 286 英尺，附近竖有一个挂着五颜六色指示牌的路标，上面写道：

沿此路行，大树更多！
又一棵大树！
更大的树！

在这片森林的某个地方有一棵 309 英尺高的北美红杉，被称为"大人物"（Big kahuna）。它于 2014 年被发现，基部直径为 40 英尺，估计有 4000 年的树龄。它的体型巨大，这使它有资格争夺"世界上最大的树"的美名，与南加州的"舍曼将军树"以及位于北美红杉国家及州立公园深处的"亥伯龙神"[*]一决高下。洪堡边界内有超过 38,000 英亩的老龄林受到保护，其中一些参天巨树，如"亥伯龙神"，作为北美红杉林的一部分，已被研究人员测量评估过，但它们的具体位置是保密的。

几十年前，开始有人从镇子周边公园的土地上盗伐树瘤，每年大概有一两块树瘤被盗。通常，它们的命运是被做成木碗，或是木雕，抑或是在公路两旁的树瘤商店里作为板皮出售。但在 21 世纪伊始，事态严重起来，北美红杉护林员称此现象为"危机"。从

---

[*] 亥伯龙（Hyperion），古希腊神话中十二提坦神之一。

2012年到2014年,24棵树上有近90块树瘤被盗伐。为了获取生长在树干高处的树瘤,盗伐者甚至伐倒了一整棵树。用一位护林员的话说,"伯德夫人丛林小径被砍得精光"。颇受游客青睐的高树小径也遭遇了同样的命运。当时负责该地区州立公园的布雷特·西尔弗(Brett Silver)说:"这着实令我们大为震惊,他们只是漫无目的地破坏一切,乱砍滥伐,神出鬼没,从来没有想过自己可能会被抓起来。"

树瘤既是北美红杉的创伤后产物,也是这一物种的基因得以延续的保障。它就像是北美红杉在遇到创伤或紧急情况(比如火灾、洪水或飓风)后产生的老茧。树干上的瘤往往出现在树木受伤最严重部位的正上方,如同一条起到保护作用的绷带,在树皮上向外、向下生长。如果伤口很大,新的树皮会在水平方向上向外延伸两英尺或更多,然后再向下生长,从而包裹住受伤的区域。嫩枝和新芽从树瘤中长出来,延伸至地面——在那里,它们开始生出新的根系。

有一些例子表明,森林在被砍伐后,可以借助从树瘤里长出的小苗重获新生。例如,树瘤被火烧至裂开后,老树的基因便随这些木块散落在地面上,就像北美短叶松的松果裂开后释放种子那样。如此一来,树瘤和树桩便成为北美红杉血统的守护者,确保树木生息繁衍,即使在环境恶化或工业破坏的情况下,演化也能持续进行。2014年,北美红杉冠层学家斯蒂芬·西莱特(Stephen Sillett)在接受《纽约时报》采访时指出:"这就像是从森林的地面上撬下一大块,然后把它悬挂在半空中。"

国际上一些专注于北美红杉的研究人员说，盗伐树瘤的真正影响仍未可知——人的寿命有限，难以去探究盗伐树瘤所产生的长期影响。但我们已经明确地知道树瘤中孕育着什么，所以可以推测出盗伐树瘤可能造成的后果。

生物学家说，砍除树瘤会增加树木感染和生病的概率。如果一棵树的大部分树瘤都被砍掉，树木就像是裹上了"束腰"——无法长出更多的树轮，其生长会受到永久性的阻碍。当树木有利于幼苗生长的那一部分被砍掉时，伤害不仅发生在盗伐的那一瞬间，更将在未来当北美红杉受到其他外部力量（入侵物种、干旱、森林火灾）的影响时突显出来。人们发现，老树桩能为小树苗的生长提供支持，因此，即使一棵北美红杉的主体已经不复存在，它也能够继续为树群家族做出贡献。

即便是盗取枯倒木，也会对生态系统造成不利影响。枯立木将继续为鸟类和其他动物提供庇护，而枯倒木则会有甲虫和它们的幼虫钻入其中，两者都是鸟类最喜欢的食物。倒下的树木可能需要几百年的时间来分解，在此期间，它们为土壤提供养分，为动物和真菌提供栖息地。就像树瘤一样，倒下的树木上面会长出新生的幼苗。树木通过这些方式滋养自然，直至自身完全分解。

除了树瘤之外，有关树木的许多方面我们都只有初步了解。有时候，树木显得神秘莫测，几乎是令人难以置信的生态演化标本。在我们的脚下延伸着"木联网"，这是一个巨大的地下通信网络，不断传递信息，确保树木彼此之间的良好协作。这个网络实用性很强，它实现了资源的合理共享。当一棵树受到攻击或能量耗尽时，就会向健康的树发出警报，并请求支援。

树木还通过嗅觉语言进行交流。例如，它们可以检测到昆虫和动物的攻击，并通过叶子散发出一种特殊的气味来制止其他生物的进一步入侵。有时候，一棵树会提醒它的邻居："有虫子正在啃我的叶子。"树木能够识别危险的唾液，通过林间的"木联网"向其他树木发送信息。收到信息的树木便会散发出它们独有的特殊气味，击退所有害虫。有时候，树木会分泌出更多的单宁，令它们的树皮和叶子不再美味可口，甚至还有致命的危险。

世界上没有哪一片森林是我们完全了解的：它们生生不息，令人惊叹。树根、树干、树枝、苔藓、真菌、河流、鸟类，所有这些事物交会的地方就是森林所在之处。有时，你可以在路边或山丘上那些因各种工程而被疏浚的地带感受到森林生态系统的喃喃细语。北美红杉国家公园里有很多令人印象深刻的这类例子：巨大的树桩和弯曲回旋的树根，彼此交织缠绕，看起来就像大地上的雕刻。科学家们正是以这样的方式偶然发现了古树的遗迹，找到了在树的主体部分消失后继续为森林提供能量的树根。从这个意义上讲，树的影响超出了树木本身的范畴，它是永远的祖先。曾经在尤罗克人的土地上耸立的树木，如今仍在为我们眼前生长的这些树木提供指引与帮助。

相比之下，"树瘤是稀有且价值斐然的珍品"则是一个新得多的观点。当我访问洪堡县历史学会的负责人吉姆·加里森（Jim Garrison）时，他告诉我，他的祖父有一棵"树瘤树"，他曾从树上砍下一些树瘤，寄给其他地方的堂兄弟。罗恩·巴洛记得他小时候曾在奥里克附近的树上砍下树瘤，然后拿到尤里卡的旅游市场上出售。20世纪80年代，人们对树瘤制品（如雕刻）的兴趣重新燃起，树瘤购买者常常蜂拥而至。可是现如今，大家对它不再兴趣浓厚，就像加里森说的："井已干涸。"

尽管如此，南方运营中心的护林员发现他们面对的依然是一场几乎隐形的犯罪狂潮：夜黑人静之时，发生在最茂密的森林里，四周尽是参天的古树。为了追踪盗伐者，他们绘制了一张地图，标出了奥里克镇周围的犯罪地点：总共有八处，都离北美红杉公路仅有几步之遥，而且有些就在该地区最受欢迎的徒步小径附近。

北美红杉林中生长的酢浆草叶子背面是深紫色的。生物学家普雷斯顿·泰勒在森林中寻找黑熊的踪迹时，往往不是盯着黑熊漫步时那模糊的黑色身影，而是一抹紫色：如果出现葡萄色的渍迹，就说明黑熊曾在附近觅食。那是熊爪踩踏酢浆草，染上了颜色后留下的一道道痕迹。

2013年4月19日，当时还是洪堡州立大学学生研究员的泰勒进入北美红杉国家及州立公园收集数据，他希望在此发现黑熊的足迹。泰勒即将结束他在洪堡州立大学的野生动物管理本科学业，他的毕业论文课题是研究黑熊在森林中留下的气味标记。他花了很多时间在树林里寻找"摩擦树"——在繁殖季，黑熊通过摩擦大树的树皮来发出潜在的求偶信号。泰勒的眼睛紧盯着地面，在落叶间寻找黑熊的足迹和紫色斑点，希望由此找到一棵"摩擦树"。

那年春天，泰勒按照惯例开始了他的徒步考察。他沿着北美红杉溪旁边的一条小径前行，这条长达 62 英里的河流发源于海岸山脉，穿过一片茂密的森林，流向西北方，在抵达北美红杉国家公园的边界之前汇入支流。随后，溪水蜿蜒穿过几片北美红杉林，流经农田，最后在奥里克的郊区注入太平洋。

顺着河流走了大约半英里，泰勒余光一瞥，捕捉到一抹紫色。一片酢浆草被搞得乱七八糟，旁边是一条临时修建的小道，通向森林和山丘。

泰勒知道，这个地区生长着世界上最高大的北美红杉，于是他急切地沿着自认为是黑熊的足迹走了大约 200 码，进入了那片树丛。黑熊的足迹逐渐消失，泰勒孤身站在一片深深的密林里。在确定了自己的方位后，他花了足足一分钟的时间来凝视眼前这棵参天巨树。

忽然，他注意到树干上缺了一大块。树的底部被切掉了一部分，高度超过 8 英尺，切口的边缘很不自然，只有链锯的刀片才能做到。树干看起来像是被粗暴地剥了皮，与剩余树皮的深褐色相比，被剥皮的一边呈现出浅淡的灰褐色。泰勒走上前，仔细查看了树的心材。树的周围立着许多被砍成手臂大小的木块。

泰勒向后退了一步，意识到自己发现了一处盗伐现场。他仰头看向天空，目光顺着这棵古树生长的方向，试图看清它的完整面貌。

第 7 章　盗伐人生

> 他几乎生来如此。那是他曾经的生活。
>
> ——谢里什·古菲

当北美红杉国家公园在 20 世纪 70 年代开始拓宽边界时，伐木工人约翰·古菲的儿子克里斯开始在父亲和兄长的影响下学习这门技艺。公园扩建完成那年他 19 岁，准备进入劳力市场。彼时的他得到了一位老前辈给起的绰号——"锤子"。

克里斯说："我从 13 岁就开始捆扎拖索了。我靠伐木为生，打记事起，我就一直在做这件事。"人们都觉得克里斯有一天会接手他父亲的公司——古菲木材切割公司。每年夏天他都在父亲经营的伐木场的林地里帮忙。"从小他们就教育我，要靠劳动获得自己想要的东西，"克里斯坦言，"如果我能用好自己这双手，就能得到这辈子想要的一切。"

特里·库克是克里斯·古菲的朋友，他住在镇子的最南边。1970 年，库克一家沿着 101 号公路辗转北上，从田纳西州来到加州最北端。他的父母因工作需要举家搬迁，最终在奥里克安顿下来。特里的父亲哈里尔·爱德华·库克（Harriel Edward Cook）

在树林里寻找工作，他的母亲塞尔玛（Thelma）有位朋友在棕榈树咖啡厅汽车旅馆工作。库克一家买了一栋临着北美红杉公路的小房子。1964年，北美红杉溪流域洪水泛滥，而溪水又正好从这栋房子郁郁葱葱的后院旁边流过，为了应对水灾，他们后来把房子搭建在几根高木桩上。库克一家不断壮大，最终生了11个孩子。他们经常从海滩上拾木柴来烧炉子。

1971年，哈里尔驾驶汽车和一辆小型货车在位于奥里克小镇中央的一座桥上相撞，哈里尔不幸身亡。四年后，特里的一个哥哥在骑摩托车时被一辆伐木卡车撞倒，不治而亡。而几年后，另一个兄弟蒂米（Timmy）在一次摩托车事故中瘫痪。塞尔玛悲痛欲绝。为了帮母亲养家糊口，家中年纪稍大的孩子都开始外出寻找工作。

在奥里克，年纪轻轻就外出打工意味着要与木材打交道。库克家的男孩在阿克塔北美红杉公司工作，那是他们父亲的老东家。几个男孩工作勤恳卖力，又乐于帮助邻居，因此在当地名声很好。"每当我们的干草场需要工人时，就会给库克妈妈打电话，"罗恩·巴洛说，"（我们）总能找到最得力的帮手，他们都是强壮能干的男孩。"特里最终搬回了建在高木桩上的老房子。他的姐妹夏洛特（Charlotte）此时已南迁到洛杉矶，生了一个儿子，名叫丹尼·加西亚。

特里·库克不仅见证了家族的败落，也见证了小镇伐木业的日渐衰落。他眼看着邻居们跟随"花生车队"出发，又满怀怒气地回来。他说，公园开始扩建时他才17岁，他申请过一份维修的工作，但从未被雇用。他在树林和工厂里干的工作毫无关系——分别是操控刨边机和拉绿链。

克里斯·古菲没能接管家族生意，他父亲在1980年关闭了家里的公司。克里斯注意到，伐木社区居民对北美红杉国家公园扩建的讨论沸沸扬扬。他听到了一种说法：公园意味着小镇的"毁灭"。"他们想要控制一切"，他的父亲约翰说道，并将管理公园的官员称为"寄生虫"。

丹尼·加西亚9岁时，母亲夏洛特自杀了，他和姐姐由父亲抚养长大。他的父亲为Union 76和Arco加油站开运油卡车。姐弟俩每年夏天都会去奥里克待上两周，他们从南加州的家里出发，向北蜿蜒前行，穿过萨克拉门托和门多西诺县郁郁葱葱的山谷，最后抵达洪堡。和外祖母一家告别后，他们再往南回洛杉矶待两周，看望祖父母。

但正是奥里克给了加西亚一个真正的家。有时会有一个舅舅去萨克拉门托接他，然后沿着101号公路开上几小时的车。加西亚一路凝视着车窗外装在卡车车厢上的巨大原木。他总是花好几天时间在外祖母家周围的森林里奔跑。他记得"那里很美"。作为一个男孩，加西亚不仅对森林着迷，还被森林所带来的无限自由和孕育着参天巨木的土地所吸引。他的舅舅们允许他独自在森林里待上一整天。"我总是把手弄得脏兮兮的，"他回忆说，"但没人在乎。"

11年级从高中退学后，加西亚搬到了奥里克，长久定居下来。18岁时，他搬去和外祖母塞尔玛一起住。塞尔玛在儿子蒂米发生摩托车事故后一直照顾他。加西亚帮忙收拾家务，比如准备食物，或在院子里做工，这样外祖母塞尔玛便可以安心照顾蒂米舅舅。他也经常与舅舅们待在一起。加西亚说:"特里心胸宽广,待人真挚宽容。他扎根于此,与这个小镇产生了深深的联结。"

加西亚经常在库克家的老房子附近闲逛,陪同家人砍拾木柴,他通过观察掌握了启动和使用链锯的方法。他也进入了周围人所熟悉的那种模式,开始感受到约翰·古菲所说的"耳濡目染":如何正确地砍伐一棵树并引导它朝着正确的方向倒下,之后把它截成小块以便装车运输。"同我一起工作之前,他对这套流程一无所知。"克里斯·古菲回忆道。

然而,年复一年,加西亚开始感到自己被困在奥里克的围墙之内。他将这种感觉比作汽车在荒郊野外抛了锚,但没有钱来修理它,也找不到出路。小镇变成了他生活的全部,他"到处乱跑,制造麻烦,永远长不大"。最终,丹尼·加西亚觉得他必须逃离这里。

1993年底,他搬到了北边位于华盛顿州的杰斐逊县,这里紧挨着奥林匹克国家公园、霍河雨林和奥林匹克国家森林。克里斯·古菲已经来到这里,他在距离福克斯镇不远的地方租下了一片政府的残值采伐林。那块土地上的树木受到损伤或感染了病虫害,已经了无生机,因此政府向公众公开出售,允许个人采伐。古菲开了一家小型板材木瓦厂,计划在那里加工从残值采伐林采来的木材,于是他把加西亚叫来帮忙。沿着地块边界生长的北美乔柏被人用红漆做了标记,即使在西北地区的浓雾中也清晰可见。

"那便是我'盗伐人生'的开始,"加西亚说,那是他第一次盗伐一棵直立的大树,"我问(古菲)为什么要捡这些破烂的木材。'我们去找棵树吧,把那该死的东西砍了。'当我说出这句话时,我看到他眼神亮了。"

边界线对古菲和加西亚没有什么威慑力。慢慢地，他们开始砍伐边界线以外的北美乔柏。他们砍伐的都是受《濒危物种法案》保护的古树，这里也是斑林鸮的栖息地。这对搭档在林下灌丛中开辟了一条小道，他们把树木截成木块，以便徒手搬运。

1994 年的春夏，两人把木材卖给了一家工厂。木材在工厂里变成了吉他琴身的坯料，后又卖给了乐器制造商。有时，北美乔柏的木料会被卖给当地的工匠，用于制作弓箭套装中的箭。越过边界线进行盗伐的收入非常可观：如果他们只在边界内的残值采伐林采伐，每收获一考得木材只能赚到大约 600 美元；而只要越过边界，他们就能获得每考得 2000 美元左右的收入。

他们离开的时候可能会留下整段粗长的树干。有一天，古菲请当地的一名直升机飞行员帮他运走这些树干，并给了他一个位置坐标。飞行员认为这批货物听起来十分可疑，于是向华盛顿州自然资源部报了警。

几周后，一名调查员在勘察那片残值采伐林时发现，在一条临时开辟的小道上有靴子留下的印记。附近的地面上散落着一壶容量为一加仑的链锯油、一块士力架巧克力的包装纸、一包瓜子以及几个百事可乐和啤酒的空罐。这些易拉罐倒在合法采伐边界线外的三截北美乔柏树桩旁边，树桩上覆盖着散落的枝叶作为遮掩。随后，木材巡视员来检查这片林地，他们估计有 20,000 板英尺的木材被盗，总价值超过 33,000 美元。盗伐者在森林中开辟了多处入口和多条小道，全部通往地图上全无标识的非官方乡村小路（backroad）。

当天，在这名调查员勘察完那块林地之后，他在另一处残值采伐林停留，遇到一个名叫罗伯特·杰克逊（Robert Jackson）的人正在那里采伐木材。调查员注意到杰克逊的靴底似乎与那小道上的靴子印记大小相同，于是向他的卡车驾驶室望去，发现座位之间放着瓜子和一罐啤酒。当天晚些时候，调查员前去他家拜访，杰克逊承认自己曾与克里斯·古菲还有丹尼·加西亚一起盗伐木材。他的说辞得到了一位邻居的证实，邻居报告说曾看到加西亚在半夜里载着满满一车木材出现。

1994年秋天，古菲和加西亚被指控在华盛顿州的公有土地上盗伐木材。两人对盗伐行为供认不讳。自然资源部的检察官认为这两人不太可能负担得起被盗木材的全部价值，甚至无法支付16,975美元的联合赔偿金，于是判处他们30天监禁。

但二人却从此消失了。

他们在奥林匹克半岛逗留了不到一年的时间。有传言说加西亚后来回到了奥里克。至于古菲逃到了哪里，没有人知道。

第 8 章　音乐木材

> 我在这一行干了该死的这么多年。就像与护林员对抗的瑜伽熊*那样。
>
> ——克里斯·古菲

2013年，普雷斯顿·泰勒在北美红杉溪附近偶然发现某棵树上有一个长方形的切口。切口接近两英尺深，几乎抵达树心。他能看出这是个新伤口——树的根基周围不仅散落着干燥的锯末，而且砍下来的木块还保持着明亮的淡褐色。板皮和大块木材被留在森林地面上，其中有一块大小和沙发差不多。

北美红杉含有萜烯类化合物，会释放出一种类似于泥土发霉的气味。水分有利于气味的扩散，那天森林里正好很潮湿，所以空气中弥漫着这股浓浓的气味。泰勒绕着被砍伤的树走了一圈，仔细地检查那个切口。他看到心材已经暴露在空气中——这无疑表明了切口之深，甚至可能会导致树木无法继续直立。

---

* 美国电影《瑜伽熊》(*Yogi Bear*) 的主要角色。影片讲述了瑜伽熊和波波熊这对好伙伴为了保护大自然和捍卫自己的家园，与打算卖掉公园牟利的市长做斗争的故事。

泰勒沿着小径徒步返回，他爬上车，径直向不远处的奥里克开去，目的地是那里的南方运营中心。他在傍晚时分到达，对中心的前台人员表示自己要举报森林公园里发生的一起犯罪。但随后，在陈述自己亲眼所见的过程中，泰勒又变得异常紧张，工作人员只好领他进入一间私人办公室。泰勒在一名公园护林员对面坐下来，讲述了他所发现的一切，包括盗伐地点的GPS坐标。他同意第二天在小径起点与护林员见面，带她去犯罪现场勘查。

第二天早上，泰勒按照计划在小径起点与护林员罗西·怀特见面，两人沿着北美红杉溪边的小径向盗伐地点走去。虽然怀特持有武器，但泰勒仍能看出她十分紧张。他们会不会因半路打断盗伐者的偷树勾当而激起一场冲突？若是有人想抢走怀特携带的摄像头，他们又该如何是好？

当他们到达犯罪现场时，泰勒停下了脚步。他说，这里看起来和昨天不太一样，昨天的一些树瘤木块现在都不见了踪影。泰勒断定，昨天他撞见的不仅仅是一处盗伐现场，也是盗伐者正在清理赃物的犯罪现场。怀特举起相机拍摄现场的照片，测量这棵伤痕累累的北美红杉的尺寸并统计剩余的树瘤数量。与此同时，泰勒在一旁放哨。在他们离开这里之前，怀特在周围的树木枝叶间藏了几台动态触发式摄像头，希望在盗伐者回来时能捕捉到他们的画面。然而，五天后她再次到访此地时，却发现没有任何东西被挪动过，隐藏的摄像头也未曾被触发。

调查木材盗窃案面临着诸多挑战，首先是犯罪环境的独特性。对于那些发生在城市中的盗窃案，调查人员能找到罪犯留下的全部证据,但在森林里,那些所谓的证据——比如锯末、绿色针叶或落叶——很容易降解或者直接被风吹走。其次是人身安全问题:森林里独身一人的护林员或执法人员是脆弱的目标群体。正是由于这个原因,大多数护林员的工作重点是在当地公路上拦截并搜查涉嫌木材偷窃的车辆。

待怀特回到奥里克的南方运营中心后,便和为数不多的几名护林员开始尝试重建被盗北美红杉从森林运到市场的路径。他们首先走访了当地的树瘤店,那些店铺的院子里堆满了表面凹凸不平、疙疙瘩瘩的树瘤。

在这一时期,北美红杉国家及州立公园里盛行的盗伐热潮并非加州北部独有。整个太平洋西北地区,包括加西亚和古菲之前所在的伐木社区福克斯,盗伐现象层出不穷,对森林构成了持续性威胁。

在泰勒于 2013 年偶然发现北美红杉溪盗伐地点的几个月前,安妮·明登(Anne Minden),一位在奥林匹克半岛调查森林犯罪长达 20 年的美国国家林务局特别专员,对《西雅图时报》说,奥林匹克半岛的木材盗伐者已经"彻底毁坏了国家森林"。尤其是里德·约翰斯顿(Reid Johnston)的案件,是该地区猖獗盗伐活动中的典型。

华盛顿州的布里农(Brinnon)是一座人口刚刚超过 800 人的小镇,位于奥林匹克国家公园和奥林匹克国家森林的交界地带,与福克斯分别坐落于奥林匹克半岛的两端。在奥林匹克半岛，花旗松树丛弥山跨谷，这是世界上木材产量最高的树种之一，其生长版图从不列颠哥伦比亚省的斯基纳河向南延伸至内华达山脉。花旗松笔直挺拔，就高度而言仅次于北美红杉，是太平洋西北地区的一种标志性针叶树。虽然没有北美红杉那般威风凛凛，但花旗松的丛林总是层层叠叠，郁郁葱葱，令人印象深刻。花旗松生长速度快，生长季很长。它们拥有十分强大的再生能力，会不断地自我增殖，因此大多数胶合板的原料都来自于花旗松。

里德·约翰斯顿家世显赫，他们一家早年曾辗转于华盛顿州各地，20世纪80年代在布里农定居下来。里德的父亲斯坦（Stan）一直被当地人称为布里农的非官方市长。2011年，斯坦死于一场车祸。当时他正开着卡车在路上疾驰，意外撞上了一棵树。一年后，斯坦家排行居中的儿子，也就是41岁的里德，因从奥林匹克国家森林的一块土地上盗伐了102棵树而被判处一年监禁以及84,000美元的罚款。奥林匹克国家森林紧邻他父母的私有地产。

里德·约翰斯顿靠伐木为生，他是林学专业的辍学生，也是一名小企业主。彼时的他初为人父。他还是其他四起木材盗伐案的嫌疑人，也是传闻中的冰毒瘾君子。他为自己的公司"枫林之音"（Sound Maple）盗伐了该地区价值连城的槭树和北美乔柏，然后将木材卖给了乐器制造商。

约翰斯顿出售的所谓的"音乐木材"，其前身是带花纹的槭树木料——通过铣削，让木材的纹理更加清晰，表面显现出流水般引人注目的花纹。"音乐木材"来自两种槭树：一种是焦糖色的

"火焰槭树",呈现出艳丽的虎皮花纹;另一种是"纤羽槭树",其花纹如波光粼粼的湖面上层层晕开的涟漪。"音乐木材"极为罕见,因此市场价格高昂,往往比没有花纹的槭树高出 100 倍。有人这样赞美用这种木材制成的乐器:"你几乎能通过这一件乐器听到整个管弦乐团的齐奏之音。"

和华盛顿地区的槭树境况相似,生长在阿拉斯加汤加斯国家森林的巨云杉是原声吉他面板的抢手选材,这份由自然馈赠的美丽正是它们被盗伐的原因。(事实上,阿拉斯加的巨云杉曾一度被乱砍滥伐,以至于绿色和平组织不得不请世界顶级吉他制造商的高管们乘飞机到汤加斯一睹森林的惨状,只为让他们知道制作乐器所付出的代价。)

约翰斯顿第一次引起护林员的注意是因为一棵树龄 300 年的花旗松。这棵树高达 155 英尺,直径达 8 英尺。当时,约翰斯顿在谢尔顿(Shelton)的一处木料厂向老板展示了几段盗来的树干,那地方距离布里农不远,约一小时车程。老板觉得这些花旗松木料有点太过完美,于是上报给了林务局。基于此,护林员们展开了调查,在前往布里农之前先与工厂老板进行了约谈。很快,约翰斯顿完整的犯罪版图开始被拼凑出来。

这也将成为该州历史上最大的木材盗伐起诉案之一。

林务局的护林员怀疑约翰斯顿在他家私有土地后面的公共森林里盗伐树木。该地区属于落基溪流域,溪水蜿蜒流过奥林匹克国家森林的东部边界。它是在 140 年前的一场森林大火之后形成的,生长于此地的北美乔柏、花旗松和异叶铁杉被归类为"成熟树木"（有时也被称为"初老树木"）。北美乔柏——即本书开篇提到的在不列颠哥伦比亚省卡马纳沃尔布兰被盗伐的树——也被称为"独木舟柏树"，因为它的树干可以被轻而易举地掏空，适合用于水路航行。与北美红杉的情况一样，北美乔柏已经所剩寥寥；其中最大的一棵位于华盛顿州的奥林匹克国家公园，其树干周长超过 62 英尺，着实令人叹为观止。但是，用来装饰我们家中墙面的镶板大部分取材于北美乔柏，美国市场上超过 80% 的屋顶瓦板也都是由北美乔柏制成的。北美乔柏的身影随处可见，我们生活在其庇护之下。

约翰斯顿将盗伐来的木材四处售卖，这些木材都取自在 19 世纪 80 年代的森林大火中幸存下来的树木。它们为云石斑海雀和斑林鸮提供了极其重要的栖息地。如果没有人为破坏，它们本可以再生长 700 年，在未来长成参天古树。

护林员们去了一趟落基溪。到达后他们发现，私人土地分界线以外几十米处的树木都遭到了砍伐或损毁。（槭树通常会遭受损毁，而不是被整棵采伐，因为盗伐者会先检验其价值：用斧头砍掉一块树皮，查看露出的纹理，以判断它是否为优质的"音乐木材"。）"公民经常侵占私有土地旁边的国家森林，两者间模糊的界线为他们的盗伐行为提供了一个强有力的辩护。"被指派起诉此案的州检察官马修·迪格斯（Matthew Diggs）如是说。约翰斯顿的兄长韦德（Wade）告诉审问证人的护林员，他曾和弟弟一起去看过那棵花旗松，在注意到林务局设置的界标后，他告诉里德不要再管那棵树，随后他便离开了那里。然而里德无视哥哥的警告，继续实施自己的计划：他把界标移到约 75 英尺以外的地方，再把它们重新埋进地里——但却把界标朝向了错误的方向。

在访谈中，护林员报告称，有人承认自己曾替约翰斯顿将花旗松及其他树木运送到谢尔顿的木料厂。调查发现，约翰斯顿与另外 99 棵树木的盗窃案都有关联，其中包括 50 棵北美乔柏、4 棵花旗松和 45 棵槭树。花旗松是华盛顿的一种标志性树木（盗伐者不需要检查树皮之下的纹理，因为花旗松的价值在于其高度和直径），而通常用于制作大提琴和吉他的槭树市场价值更高：一块纹理惊艳的槭树木板可以卖到 1 万美元以上。

当地人的陈述加上约翰斯顿家族在私有地产之外伐木的证据，让执法人员最终获得了对里德家的搜查令。进入住宅后，他们发现了里德在网上发布的有关"音乐木材"的广告文件，还发现了一些来往信件，证明里德曾试图将花旗松卖给一个出口商，后者将把这些木材运往香港。

最终，里德·约翰斯顿被指控盗窃和破坏政府财产罪。虽然他否认移动过采伐边界线的界标，但现场调查提供了强有力的证据：林务局的土地在几十年前被砍伐过并留下了一条清晰的界线，这条界线将约翰斯顿家的私有地产与老龄林明确划分开来。

约翰斯顿最终接受了此案的认罪协议。他被判处一年的监禁和罚款 84,000 美元。但这一赔偿数额远远低于被盗伐树木的价值。根据 2011 年的一份生态与经济价值评估报告，约翰斯顿盗伐的树木总价值约为 288,502 美元。"你可以说这是木材的价值，但实际上这个数字被严重低估了，"州检察官迪格斯说，"因为被盗走的东西远不只是木材本身。被盗走的是古董文物。"

除了能够产出木材、维系生态系统，老龄林还拥有强大的吸金能力。人们被这些古树吸引而来，每年都有数百万美金的旅游收入涌入太平洋西北地区，它们是最亮眼的旅游景观。

约翰斯顿盗伐案结束后，迪格斯说，这是一个简单的案子，因为它满足了起诉需要的所有条件：谢尔顿的木料厂上报了被盗伐的树木，执法人员很快找到了目击证人，且私有地产与公共森林的边界明确清晰。以上均为木材盗伐案的非典型特征，所以此类案件是出了名的难以起诉。"盗伐者不会在这些树桩上留下指纹，"迪格斯说，"并且他们很快就会把树干砍成小块儿进行出售。"在华盛顿和不列颠哥伦比亚，通过客齐集*或脸书商城**等平台直接向买家出售木材的情况并不少见。有时这些木材也会在社交媒体上被当成木柴出售。若是被送到工厂加工，那它的原产地文件通常都已过期，或者干脆就是赤裸裸的假文件。

在案件审理结束之后，里德·约翰斯顿（他自始至终坚持说自己是清白的，声称是被陷害了）告诉《西雅图时报》，木材盗伐永远都不会结束，"国家森林广袤无边，能偷的树无穷无尽"。

---

* 客齐集（Kijiji），电子商务公司易贝（eBay）旗下的分类广告网站。
** 脸书（Facebook）平台中内置的二手货交易市场。

第 9 章　神秘树林

每当我走出家门，总有无数双眼睛盯着我。

——丹尼·加西亚

从美国北部去往奥里克需要穿过世界上最壮观的森林。在这里，想要从一个地方去往另一个地方，你只能穿过森林腹地，而无法从巨大的森林边缘绕行。1994 年，丹尼·加西亚沿着这条路线从华盛顿回到了奥里克——在女友黛安娜（Diane）为他生下儿子之后，两人重归于好。他在一家锯木厂找了份工作，在那里学会了如何将北美红杉原木加工成木瓦，之后又辗转在多家木材加工厂工作过。他的家庭扎根于此，也有了自己的小圈子。总之，这里有许多牵绊让他无法离开。

回到奥里克后，加西亚谋得的第一份工作是清扫木材加工时产生的锯末和碎屑，基本上算是保洁员。接下来的十年里，他在这个地方从事了一系列与锯木厂相关的工作，先是拉绿链，这需要收集成捆的加工过的木材，按尺寸将其分类，再转移到运输过程的下一个阶段。之后，他又开始驾驶叉车和给卡车装载木材。装载木材是他最喜欢的活儿：他可以频繁走动，有机会和形形色色的司机交谈。这还是一份颇具创造性的工作，需要有解决问题的能力。"你可以建立起自己的人脉。"加西亚解释说。除此之外，工厂工人与周围的人互通有无，建立起密切的联系。除友情之外，工人们以忠诚为纽带，大家彼此信赖，相互支持。有一次，加西亚不小心压伤了一个同事的手，那人打了个马虎眼，向监管工厂健康安全的官员掩盖了自己受伤的真相。"他其实没必要这样做。"加西亚说道。

大约在同一时间，林恩和拉里·内茨从萨克拉门托移居到奥里克，他们买了一栋米色的平房，在此安顿下来。林恩的儿子（拉里的继子）德里克·休斯当时在麦金利维尔高中上 10 年级，他每天都要从奥里克坐车到那里上课。休斯在初中时被诊断患有注意力缺陷障碍，并开始服用利他林来帮助集中注意力。但在 8 年级时，他第一次接触到了冰毒，冰毒最终取代了利他林。之后的十年里，休斯经常吸食冰毒。

休斯与母亲和姐姐霍利的关系十分密切，但自从他随母亲搬到加州后，便与生父联系甚少。在 16 岁时，他重新联系上了生父，并搬到爱达荷州与他一起生活。在那里，他爱上了一个女孩。1999 年，这对年轻的情侣有了一个女儿。孩子的母亲来自西弗吉尼亚州，所以两个人搬到了东部，并在那里结了婚。然而，最终两人还是感情破裂。妻子带着女儿去往爱达荷州，休斯则又回到了奥里克。

21 世纪初，美国所有国家公园里发生的盗猎案件数量都在攀升。当时的一项调查发现，从 1996 年到 2003 年，仅在考古遗址,每年就发生800多起案件。盗猎——指偷盗森林里的一切资源,包括鹿、鱼、木材,甚至捕蝇草——此类活动至少在17个州内"蔚然成风"。国家公园管理局的一位代表哀叹道:"除了空气,人们无所不偷。"

2005年,克里斯·古菲在北美红杉国家及州立公园的一条小溪边盗伐原木时被抓获,护林员发现他非法销售木材的收据总额接近15,000美元。而古菲正是丹尼·加西亚十年前在奥林匹克半岛的同伙。在护林员扣押木材并将其放入证物柜后,有人擅自闯入并偷走了"几百磅"被没收的赃物。最终,陪审团裁决古菲重大盗窃罪不成立,但判处他恣意毁坏公共财产罪。当时公园的护林员主管认为公园对偷窃犯和盗伐者的处罚太轻。他下令,今后将对这类犯罪实行严厉打击。

到了2008年,丹尼·加西亚稳定的生活开始出现动荡。"有那么几年,我的生活开始走下坡路,"他如今说道,"我回到了奥里克,社区一片乌烟瘴气,而我也深陷其中。"和黛安娜离婚后,他搬进了一间小公寓。这里临着101号公路,楼下是已经停业的破败不堪的电影院,对面就是棕榈树咖啡厅汽车旅馆。

四年后的一天,加西亚溜溜达达地走进棕榈树咖啡厅,对老板大喊大叫,并指着一群用餐的客人,扬言要把他们杀死。他被指控犯有意图恐吓的威胁罪,被判严管缓刑三年。加西亚认罪后,当局为他指派了一名缓刑监督官。在后续指控他在北美红杉溪附近盗伐大量树瘤的案件中,这起事件起到了关键性的推波助澜作用。

2013年春天的一个午夜,加西亚在他的公寓外遇到了拉里·莫罗（Larry Morrow），镇子上的新成员。莫罗住在棕榈树咖啡厅对面的绿谷汽车旅馆，他拥有一辆SUV。加西亚给了莫罗400美元，作为交换条件，他需要以莫罗的名义向一家树瘤店出售木材。两人驾车一路行驶，直到加西亚示意莫罗在紧挨密林的路肩上停车。他让莫罗几个小时后回来，在同一地点碰面。

这里地势陡峭，北美红杉林高耸入云，有的树干直径可达三米。在攀爬一处小山坡时，加西亚的靴子陷进了林地松软的泥土里。不一会儿的工夫，他的身影消失在密林深处。加西亚独自在森林中游荡，仅靠一个电池供电的头灯照亮前路。他在黑暗中穿行，随身携带着一把大型链锯——刀片长达36英寸的斯蒂尔MS660。

加西亚经常在空闲时"走遍"整片森林，他回忆说："灌木丛阻挡不了我的脚步。如果有需要，我会自己开辟出一条小径。就算已经过了50年或者更久，我也能识别出人们之前在哪儿砍过树瘤。"四处游荡时，他会仔细地查看地面，寻找绒毛细腻、质地柔软的鹿茸，这是罗斯福马鹿为了生出新的鹿角而自然脱落的产物。但有的时候他也会偷猎马鹿本身。"如果我需要为家人弄到一些肉吃，"他说，"我就一定要弄到。"

在寻找鹿茸的过程中，加西亚经常会发现树瘤。他边走边留意那些长有巨大突出物的树干，还会仔细查看是否有新的幼苗从树桩基部萌生出来。他记得偶尔有几次，他几乎可以感觉到有一块树瘤就在地下，向上顶着表土，势如破竹。"我一直和木材打交道，所以光看树皮就能告诉你这棵树是否适合砍伐，差不多就是这样。"加西亚曾经养过一只狗，每当它捕捉到自己感兴趣的气味,便会一直追着跑,但几个小时后,这只狗就会重新出现在加西亚的公寓门口,它沿着自己的足迹找回了家。这是加西亚最喜欢的一只狗,他说自己和那只狗很像,他以某种类似的方式记住了优质树瘤的位置,每当缺钱的时候,他就会出门,跟随自己的记忆前去寻找。

2013年春天的一个夜晚,他找到了那棵铭记在心的树,启动了链锯的开关。加西亚回忆说:"树皮大概有8到10英寸厚,我可以看到树瘤穿过[它]从里面钻出来。这大概是我这辈子砍过的最棒的树瘤之一。"每次砍到树木底部后,加西亚就像挥舞画笔一样将链锯稳步向上移动,直达树干上方。在几个小时的时间里,他在树干上刻出两条8英尺长的垂直线,然后在这两条线之间将树干横切开来,取下那些树瘤。

加西亚砍下了大量树瘤板皮,多到能装满莫罗的SUV车厢,之后他便开始将它们拖出森林。护林员们认为加西亚的说法不足为信,他们推断他一定是开着一辆全地形车来运输这么多木材的。但加西亚坚称是自己徒手将木材搬出森林的,足足耗费了几天几夜。

木材终究被带出了森林。而在森林里,在那棵北美红杉周围的地面上,丹尼·加西亚留下了一层厚厚的锯末。

由美国国家公园管理局和加州州立公园联合管理的南方运营中心坐落在奥里克的北部边界处,靠近邮局。南方运营中心的护

林员已经习惯了当地人的双重身份：既是奥里克的居民，也是木材盗伐者。在树瘤盗窃高发期，镇上的一小群人被冠以"法外狂徒"的绰号，最终他们自己也接受了这个绰号。

特里·库克的私有土地在当地被称为"库克大院"，南方运营中心的护林员怀疑那里是该团伙的犯罪集结地。（库克是丹尼·加西亚的舅舅，有一颗"爱民之心"。他自称是"奥里克的镇长"，尽管该镇并没有官方任命的镇长。）最惹眼的法外狂徒是克里斯·古菲，他曾因明确表示要"抢劫国家公园的木材"而在奥里克地区鼎鼎有名（现在仍然如此）。当地牧场主罗恩·巴洛说，古菲是镇上最聪明的孩子之一，但他选择了一条艰难的道路，最终因"激励别人做坏事"而臭名昭著。有一次，北美红杉国家及州立公园的护林员劳拉·丹妮在查看藏在树上的跟踪摄像头拍下的影像时，发现画面中有一个酷似古菲的人拿着一把链锯在公园里游走，但这个人戴着女人的假发和墨镜。"我现在就可以明确地告诉你，我从公园里拿走过木头，千真万确，"古菲在 2020 年 9 月与我通电时说道，"我承认这一点。但我从来没有砍过树，我只不过是把木头从地上捡起来罢了。"

在普雷斯顿·泰勒上报了北美红杉溪附近的盗伐地点后，护林员罗西·怀特预感到他们可能即将抓获并判决一名"法外狂徒"。她把监控摄像头藏在这棵树附近的枝叶里，以期在盗伐者回到这个地方时，在他们毫不知情的状态下拍下其行踪。与此同时，一队护林员开始在镇上和周边地区打探消息，他们走访了奥里克和沿海地区的大约 20 家树瘤店的店主。

在这期间，护林员丹妮向北前往德尔诺特县的克雷森特城（Crescent City），然后又向南到达尤里卡。她冒险走进一家又一家店铺，询问店主他们所购买的木材情况。这个过程直截了当："你们最后一次购买木材是在什么时候？从谁那里买的？我们能看看文件吗？"一些店铺提供的文件证明并不统一：他们在橱窗上或收银台边挂着营业执照，但却没有保存与出售商品相关的文件。而另一些店铺压根儿没有任何文件，但可以立即说出他们的营业执照编码。还有一些人，他们没有文件，却信誓旦旦地说没有买过公园里的木材，声称自己一眼就能看出一块板皮是否合法。

丹妮排查过的某些树瘤店把所有的文件都准备得十分妥当，就好像一直在期待护林员来敲门的那一刻。有些人只在他们的网上店铺买卖木材，其他人则使用 eBay 这类交易网站。所有人都说他们确信自己的货物是合法的，是和私人伐木公司或私人土地所有者签订的协议，从他们那里进的货。

制作家具用的饰面薄板需要用到生长在地下的巨型树瘤，采伐时要将整棵树连根拔起，因此树瘤店通常出售的是长在树干上的较小的树瘤。一位生态学家称树瘤为树木的"疣"，主要有两种类型：一种是在树的基部发芽，向外、向下生长，如同一只在小教堂的石壁上向外凝视的滴水兽；另一种则在树干更高处以小球的形状出现，是从树皮中长出的鼓包。

大多数盗伐者都认识树瘤店老板——树瘤店是伐木人和买家之间的桥梁。正规的店家需要对方提供严格的来源证明，就像艺术品经销商对一幅画或一件雕刻的要求一样，但不是所有的老板都诚实可靠。"我从不在当地人那里买东西。"这是101号公路沿线树瘤店圈子里最常听到的老话。在访问时，丹妮听到一位树瘤店老板这样说道："我很有经验，能看得出那家伙是不是木材的主人。"但后来他也承认自己没有办法判断这些木材是否来自公园。"如果是热门的木材，我就不会买。"另一个人在证词里说。

可实际上，简单明了的统计数字仍然使树瘤店不可避免地成为调查盗伐树瘤案件的第一站：合法采伐的树瘤总共就那么多，但从旧金山到俄勒冈州，沿途几十家树瘤店的生意都火爆得很。

一个较为偏门的售卖盗伐木材的方法是伪造木材加工厂所需的文件。这需要盗伐者掌握相关技术或者有门路。一些迫切想要获利的工厂但凡知道有途径可以迅速出售古树木材，就可能会对残缺不全或"遗失"的文件故意视而不见。买卖发生时，再想抓住盗伐者便为时已晚：即使工厂因出售缺少文件的木材被查处，但只要木材已被加工，就无法与原树桩所在的地点相匹配。

因此，护林员往往依靠匿名举报来指控盗伐者，希望在木材被出售或雕刻之前将其截获。在丹妮的访谈中，奥里克一家树瘤店的店主承认，他有时会从"法外狂徒"那里购买木材。他讲过这样一个例子，他认识的一名盗伐者后来洗手不干，开始做一些庭院工作"改过自新"。这名店主声称，他只靠颜色和树龄就能够判断一块木材是否是从公园里偷来的，并带丹妮看了一些他声称是从水里打捞上来而非露天砍伐的木材，他说那些木材在河水里翻滚了很久。

───────

2013 年 5 月 15 日，罗西·怀特和劳拉·丹妮将车停在北美红杉溪边的小径起点，步行前往盗伐地点。踏上小径的时候，怀特注意到地面上的擦痕，擦痕的两边是厚厚的半腐层——堆积在森林地面上已经部分腐烂的树叶、树枝和树皮。他们沿着这些痕迹走到盗伐现场，发现之前被破坏的那棵树正面又有了一个新的切口。一个月前留下的树瘤板皮已被移走，怀特深深怀疑这些树瘤是被一辆全地形车之类的车辆运出了空地。两人环顾四周：距离案发地点 200 英尺的一处山坡被滚落的木块砸得凌乱不堪。这棵树在 5 处不同的部位受损，切口的高度从 3 英尺到 8 英尺不等。检查隐藏的摄像头也一无所获：盗伐者头灯的亮光模糊了图像，无法辨认到底是谁来过这里。

四天后，丹尼·加西亚和拉里·莫罗来到克拉马斯（Klamath），把车开进一家名为"神秘树林"的树瘤店的后院收货区。两人从 SUV 的后车厢卸下八块树瘤板皮并将它们展示给店主。

"这些是哪儿来的？"店主问。加西亚的回答含糊不清，但他成功让店主接受了"它们是来自麦金利维尔附近家族地产上的木材"这一说辞。经过一番讨价还价，三人以每块树瘤 200 美元的价格成交。店主复印了一份莫罗的驾照作为转账凭证，开出一张 1600 美元的支票，还给了两人一张来往店铺的通行证。

接下来的一周，州立公园的护林员埃米莉·克里斯蒂安收到了一条来自未知号码的短信，上面写着：

> 嘿，要不你去"神秘树林"那儿瞅瞅？他们头些日子花了1600美金从丹尼·加西亚那儿买了几块树瘤板皮。

第二天早上，克里斯蒂安和丹妮驾车从南方运营中心向北行驶26英里，来到"神秘树林"树瘤店一探究竟。这家店也是一处路边的旅游景点，在加州北部和太平洋西北地区的自驾游旅客中小有名气。店铺门口有一个五层楼高的保罗·班扬向游客挥手致意，与之大小相称的蓝牛贝贝*在一旁相伴。2001年"9·11"袭击事件之后的几年里，对于"神秘树林"这样一个过于显眼而不容错过的景点，国土安全局将其认定为可能会被恐怖分子袭击的目标。

在克里斯蒂安和丹妮到访的那一天，店主承认曾以1600美元的价格从一个名叫丹尼的人那里买到了这些树瘤，但除了名字之外他对此人一无所知。丹尼声称这些树瘤是在他祖父母留下的土地上采伐的。店主向两位护林员出示了他所写的支票副本，以及拉里·莫罗的驾照复印件。随后店主带着她们来到商品陈列室的四大块树瘤板皮跟前，这些均来自那笔交易，现在他准备以每块700美元的价格出售；后院还放着另外四块。他向护林员们保证，会把这些树瘤板从陈列室中挪走。丹妮给这些树瘤板拍了照片，包括

---

*　蓝牛贝贝（Babe the Blue Ox），美国民间故事里保罗·班扬的伙伴。

木材边缘和木材纹理的特写。

丹妮和克里斯蒂安跳上卡车，直接开向北美红杉溪的盗伐现场。丹妮回看了摄像头拍到的板皮照片，将其与盗伐树木的断面特征进行了比较，发现树皮和木材纹理都是一致的。随着这些细节逐一确认，两名护林员掌握的证据已经足以让她们从"神秘树林"扣押这批木材，于是她们开始追踪其供货商。离开北美红杉溪后，两人首先去了丹尼·加西亚位于电影院楼上的公寓。丹妮敲了敲门，但无人应答，她们便沿着公路折回，去扣押那批树瘤。

当天晚些时候，罗西·怀特又回到了加西亚的公寓。再次敲门时，她大声喊道："丹尼，我是罗西！"同样无人应答。但这次，她能听到屋内有电视的声音，还有狗的叫声。

几个小时后，怀特最后一次折回，这次丹妮和洪堡县的一名警长陪她一同前往。由于加西亚仍处于"棕榈树咖啡厅威胁案"的缓刑期，所以警方可以进入他的公寓随机检查。怀特站在加西亚的门前，敲了两下门并表明了自己的身份，警长则站在门外的走廊里。在仍然无人应答之后，怀特用一根铁撬棍将门从门框上撬下来，然后和丹妮一起进入公寓。

打开门的一瞬间，加西亚的狗朝她俩扑上来。怀特用电击枪击退了狗，将其赶进一间卧室并把门关上。公寓里没有加西亚的身影，只有正在洗澡的黛安娜——两人仍保持着良好的关系。"他可能在特里家，"一份总结报告引用了她这句话，"我知道在奥里克偷木材的都有谁，也知道丹尼晚上常常和那伙人一起出去。"

但事实上，在怀特破门而入之前，加西亚确实在家中——公寓的阁楼与他侄女的公寓共用一堵墙，所以他只是踢破了一层石膏板，爬上了橡子，然后翻进了侄女的公寓。接下来的三个小时里，他成功躲避了追捕者。

第二天，怀特开始盯梢，她把车停在电影院的后面。需要休息的时候，她就让街对面的棕榈树咖啡厅的工作人员留意加西亚的情况。咖啡厅特意在外面安排的员工向怀特报告说，那天早上看到一个男人从加西亚的公寓楼离开，手里拿着一把36英寸长的链锯。

当天晚些时候，护林员前往特里·库克的住处寻找加西亚。他们停好卡车，沿着一条长长的、未铺设的车道走到前门，一路上经过成堆的设备（他们怀疑这些设备可能是偷来的）。"库克大院"的院子里堆满了他东拼西凑攒下来的全部家当：等待修理或被拆除了零件的车辆，成堆的待加工木材，烧炉子用的木柴。

护林员们敲了敲前门，但被告知加西亚不在这里。他们搜查了大院里的六辆便携式露营车，拍下了现场所有伐木设备的序列号。前一年公园管理局储藏室里被偷走的链锯仍然没有找到。他们发现这里有台阿拉斯加铣床上面没有序列号，就将其扣押带走了。

回到办公室，怀特发现语音信箱有一条未读消息：

> 嘿，罗西，我是特里·库克。我刚刚回到家，发现你来过我的院子，还拿走了我拥有了30年的阿拉斯加铣床，该死的！赶紧把它还给我，不然我这就上去把树都砍了，你们这帮混蛋一定不愿意吧。我还没有去过你们那该死的公园呢，现在要是不把我的东西送回来，我就要过去走一趟了。去死吧！

第 10 章　车削制木

> 以前都不违法，怎么现在就违法了？
>
> ——德里克·休斯

德里克·休斯离开学校的时候，他的技艺已炉火纯青。他长得高高瘦瘦，一副面容憔悴的模样。他的五官很有特点：厚厚的嘴唇，细长的鼻子，配上一副招风耳。操作链锯似乎是他与生俱来的本领，他还自学掌握了将木材"车削"制成木碗或雕刻的技能。车削即车床加工，笨重粗糙的木块在车床上飞速旋转，机器上的锋利刀片以令人目眩的速度切割木材。在工人的操作下，木材变得光滑起来，拥有了柔和的弧度，而后被雕刻成木碗、杯子和花瓶。观看这一操作令人着迷，它带给人的曼妙体验就像在日本岩石庭院里欣赏沙子上耙出的纹路，或是注视着水从无边泳池的边缘缓缓溢出。大多数车削工人会将制作的成品卖给树瘤店，后者再转手卖给零售客户。休斯估计，每加工一个大号木制沙拉碗，他能赚大概 30 美元。

北美红杉溪穿过隐世海滩（Hidden Beach）汇入太平洋，它的入海口距离林恩家位于奥里克的平房仅一段短短的车程。休斯从小就常和镇上的其他人去海滩上捡拾木柴或是激浪投钓。他内心深知，木材是这座小镇生活的支柱。

暴风雨来临之际，北美红杉林里狂风肆虐，粗枝、嫩叶纷纷被吹落，森林斜坡上的枯立木也被刮倒在地。它们被裹挟着带到下游，沿着北美红杉溪一路漂流，常常会在奥里克地区的河滩上搁浅，然后被附近的居民捡走。

不过，北美红杉溪沿岸所有权的归属总是变化无常，如同公共森林和私人土地的莫尔斯电码。曾经扎根于国家公园的北美红杉可能会倾倒在地，沿着北美红杉溪顺流而下，最后被冲到私人土地上，土地的主人便可以收获木材。但是，木头往往会一路顺着北美红杉溪漂流至海洋，再被潮汐带回至陆地，最终沉积在奥里克的隐世海滩上。在过去，许多镇上的居民捡拾这些木头来生火取暖，或者将它们卖掉去做篱笆栅栏。人们把漂流到海滩上的北美红杉树干从泥沙里铲出来，装上卡车，要么把它们卖掉，要么存放在自家后院备用。"大家都是这么做的，"当地的牧场主罗恩·巴洛回忆说，"木头不属于任何人。我觉得它应该是属于国家的，但是大家并不在乎。"

2000年，北美红杉国家及州立公园的西部边界扩建到了北美红杉溪的入海口，人们因此受到限制，无法再自由地从隐世海滩收集木材。同年，北美红杉国家及州立公园出台了相关规定，禁止车辆在海滩或沙丘上行驶。该规定意在解决公园附近的护林员一直在处理的问题：公园的一些海滩上总是交通繁忙，许多人开着车在海滩上装载木材或接应渔船。隐世海滩是雪鸻的家园，它们在遍布于海岸线的沙丘上筑巢。对于沙丘的任何干扰都会加剧这种鸟的濒危状况，例如把燃油车辆开到沙丘上。采集木材和激浪投钓都能获得许可，但新规提高了合法采集的门槛。除了用于营火，其他用途的木材很难获得采集批准，新的捕鱼许可证也停止发放。对于已经发放的捕鱼许可证，延长期限的难度加大了。

北美红杉国家及州立公园竖起巨大的铁门，本意是为了阻止车辆进入海滩，但也阻断了当地居民常走的步行道。对当地居民来说，这一新规（特别是要求申请许可证这一条）是社区不得不面对的又一官僚做法。他们已然认清现实：获取木材的自由已被剥夺，监管无处不在。由此可想而知，奥里克的紧张局势一触即发。

休斯眼看着新规带来的影响在他周围逐渐显现。他记得，镇上的居民怒不可遏，指责公园的官员们"剥夺了他们的生活方式"，控诉他们想要把奥里克变成一座鬼城（这一指控直到今天依然存在）。

在随后的几年里，渔民们发现自己总因违反海滩法而被开罚单。一名当地商人对公园提起诉讼，他在《尤里卡旗帜时报》（*Eureka Times-Standard*）上刊登启事，将诉讼公之于众。启事标题是：**奥里克四面楚歌**。一名渔民则因无法维持生计起诉了公园。

"拯救奥里克"委员会就此诞生。2001年，该委员会举办了"奥里克自由集会"，旨在"强调在过去的30年里，极端环保团体和土地管理机构促成的环保议程使我们的社区发生了如此大的变化"。随着时间的推移，木头源源不断地堆积在海滩上，当地居民看在眼里，怒火中烧。在一些地方，由于木头堆积得太厚，地下水的排放受阻，导致附近农民的牛场被淹没。于是很多当地人在木头漂到海滩之前就将其从河岸上移走，这其中就包括特里·库克。有时，他们会等到木头漂到公园的边界线以外才去取，有时则不强求。

之后，事情变得更加糟糕。

2003 年，国家公园管理局取消了淡水岬的过夜露营和木材采集活动。淡水岬是奥里克南部的一片沙滩，那里常年停驻着大量的房车和旅行拖车，有三排之多。（在公园管理局看来，数以千计的旅行拖车堵住了风景优美的 101 号公路，造成了"铝污染"。）公园管理局对淡水岬采取的政策成了直接的导火索：直到今天，许多奥里克居民还会提到"北美红杉之母"露西尔·梵娅尔德（Lucille "Mother of the Redwoods" Vinyard）参加的那场会议，她是拯救北美红杉联盟直言不讳的领袖。据说在那次会议上，她向公园管理局施压，要求全面关闭露营场所。巴洛也认同淡水岬区域的露营已经变得"无法控制"，那里停靠的车辆太多，致使人们无法前往海滩。

关闭露营地的决定激怒了奥里克的居民，他们担心自己的生意会受到影响，而这一切仅仅是因为"公园那帮人不想看到拖车"。詹姆斯·西蒙斯（James Simmons）是"马车轮树瘤店"的老板，他说，店铺每周都能向露营的游客至少售出一张树瘤桌。这些木制品是他的生计保障。

回过头看，其实很容易理解他们的想法——尤其是在今天，环保主义者似乎总是在迎合外地来的游客，后者希望能够美美地享受原生态风景。（美国林务局在其土地上出租豪华小木屋，加拿大公园则在可以供暖的圆顶帐篷里提供"豪华露营"服务。）奥里克居民参加公园主办的公共论坛时怒不可遏。"我们差点把那儿的屋顶掀掉，"曾是伐木工人的史蒂夫·弗里克回忆说，"我们靠它（旅游业）生活，我们需要它。真该死，夏天的时候，镇上有一半的商店完全靠旅游业创收。商店不能光靠伐木工人赚钱啊，他们哪有那么多钱每天晚上出去玩。"

随着小镇紧张局势的升级，示威抗议者和罢工纠察队开始频繁出现在公路沿途。紧接着，护林员收到了死亡威胁，同时在一处户外厕所里发现了土制铁管炸弹。公园管理局因此召集了一支特警队。

在写给内政部的一封信中，社区居民要求北美红杉国家及州立公园恢复淡水岬一带的露营活动，取消对木材采集的最新限制。他们要求内政部任命一名联邦调解员来调解奥里克和森林公园之间的矛盾。《洪堡时报》（*Humboldt Times*）上的一则启事发出警告：对奥里克社区的最后一击就在眼前。该启事详细介绍了社区居民的提议，并恳请读者给他们的政府代表写信。启事最后呼吁那些阴谋论者："附言：当你读到这封信时，一支联邦特警队正在南方运营中心待命。奥里克四面楚歌！绝非空穴来风！"

第 11 章　劣等工作

> 不要觉得这件事离你很远。它在这个世界的每个角落，它就在你的身边。
>
> ——德里克·休斯

德里克·休斯住在奥里克，一直靠打零工维持生计：他"子承母业"，在灰狗巴士线公司上夜班。此外，他还做些零工，比如修剪镇上商会大楼前的草坪，有时还帮街对面的邻居翻修房子。

在这里，并非只有休斯一人采取这种工作模式，而这也不是一种暂时性的就业形势。2021年，奥里克的贫困率为26%，贫困问题已不容忽视。这里的很多房屋都没有得到持续性的维护修缮，它们是时间停滞的鲜明标志。镇上只有一个加油站和一个卖食物的小市场——市场里的物价比附近城市大超市的价格高出一倍——奥里克是食物荒漠。

北美红杉林是美国最具标志性的自然奇观之一，但这个坐落在北美红杉林边缘的小镇，为何旅游收入匮乏？为何即使在盛夏，街道上也是一片死寂？光从表面看，我们就能在简单的细节中找到答案：奥里克当地商会一直在奋力开展街道整修项目，比如打造花坛、设置路标；而当地居民和店主并不愿意多费钱财用于房屋翻新，可供游客居住的度假屋舍寥寥无几。小镇的社会规划也不被重视。

城市衰败和经济下行形成了一种恶性循环。一项研究指出，"过去 50 年的经济与社会变化导致那些基础设施破败的社区成为高贫困群体"。这一点在奥里克得到了很好的印证。2014 年，一家小型墨西哥餐馆关张，2019 年，棕榈树咖啡厅汽车旅馆也倒闭了。镇上唯一的餐厅是一家店内设有野餐桌的外卖快餐小店，提供伐木主题的各种汉堡和薯条套餐（像是"原木甲板"、"浮木之醉"、"烈焰红杉"等）。电影院已经无限期停业，而那所只有不到 100 名学生的小学校多年来也屡次面临关停的窘境。

母亲去世后，吉姆·哈古德接手了哈古德五金店，这是他父母在镇中心的生意。在此之前，他拼尽全力挣钱养家——起初在军队服役，之后又到森林里干伐木和运输的活儿（将原木运到尤里卡或德尔诺特县的市场）。他和妻子朱迪共同养育了一双儿女，他们过去都是（现在仍然是）镇上志愿消防队的积极分子。

吉姆如今是奥里克居住时间最久的居民之一。他住在哈古德五金店后面的房子里，并在一间独立的棚屋里储存了大量不易腐烂的食品，以保障自己能在未来可能发生的某场灾难中生存下去。他定期与乔·赫弗德会面，后者也是在奥里克住了很多年的老人。乔的祖父母在北美红杉溪开办了当地的第一家锯木厂，乔是第三代伐木工人。

哈古德一家每天都守在店里。商店的玻璃橱窗正对着 101 号公路，而在窗户的另一边，他们有条不紊地过着自己的日子。这家店如同一个纪念品博物馆：新闻剪报、照片、古董设备和朱迪做的拼布工艺品，她会将这些工艺品捐赠给一家儿童医院。他们为客人提供馅饼，盛在一次性小纸盘里，并配以白色的塑料小叉子，越过成堆的过期《美国退休人员协会杂志》(*AARP The Magazine*)递到客人手中。架子上的大部分物品都蒙上了一层厚厚的灰尘，霉迹斑斑的天花板上挂着一面褪了色的美国童子军旗帜，勉强托住眼看就要掉下来的吊顶。店门口摆放着出售的木柴，旁边的地上有一只塑料桶，里面装满了吉姆家自产的柠檬黄瓜。吉姆用旧食品袋包了一把新鲜蔬菜，让我在路上吃。

朱迪坐在收款台后面的凳子上，除非她发出声音，否则根本看不到她。她讲话时拿着一个步话机，伴随一阵吱啦作响的静电噪声，声音在整个小镇上回荡。吉姆时常坐在一张大折叠桌前讲趣闻和笑话，周围的墙上贴满了奥里克兴盛时期的照片。原先的前门现在已无法打开，正上方的天花板上挂着一些鞋底带钉的伐木靴和安全帽。从店里离开的时候，我的靴子和眼镜上都蒙上了一层黏黏的灰尘。

在哈古德五金店这样充满回忆的地方，你会很容易陷入过往。往昔幸福安宁的岁月令人怀念不已——那时的奥里克有 5 家磨坊和 22 家乳品厂，40 多家锯木厂遍布全镇。"我们从不把它当成一个伐木社区，"吉姆如今说道，"它只是一个邻里关系紧密的小镇。"乔·赫弗德的母亲西尔玛（不要与特里·库克的母亲塞尔玛混淆）曾为《阿克塔工会》(*Arcata Union*)写过每周快讯，其内容包括森林公园一年一度的香蕉蛞蝓大赛，以及赞美奥里克自然美景的诗歌。如今,人们觉得政府管理公园就是浪费钱财,效率低下,且错误连连。吉姆·哈古德说:"这个小镇不需要政府。政府对我们来说就如同传染病。"

————

奥里克当代的社会问题与30年前席卷该地区的失业浪潮密不可分。作家、社会工作者约瑟夫·F. 马多尼亚(Joseph F. Madonia)指出,裁员深深伤害了失业者的自尊,事实上,裁员正是创伤的罪魁祸首。马多尼亚的研究所得出的结论是:"人们终其一生都与工作绑定在一起,对于那些居住在公司生活区和一辈子在同一家公司工作的人来说,"失业是一个沉重的打击。从事的工作和所属的公司与他们的自我认同紧密相关,因此被裁员后他们会认为这是一场危机。"

这种危机仍然弥漫在奥里克和太平洋西北部的其他社区。在研究20世纪80年代失业对加州伐木社区的影响时,研究人员詹妮弗·舍曼(Jennifer Sherman)发现,自卑会加剧毒品泛滥、家庭暴力和犯罪。舍曼写道:"伐木是让生活正常运转的轴心……这份工作意义重大,一旦失去工作,无数困难便会接踵而至。"

在很大程度上,这份工作所蕴含的重大意义源于伐木的艰辛:无论是炎炎烈日还是漫长雨季,伐木工人要在各种天气下完成任务。由于地形、天气、环境和巨大的工作量,伐木本身所固有的危险在一定程度上已经铸就了伐木工人的自我认同。而那份由工作所带来的自豪感,其中一部分缘于他们知道有许多伐木前辈在森林里丧生。正如社会学家克莱顿·杜蒙（Clayton Dumont）曾说的那样，他们生活的核心意义"源自把自己的鲜血挥洒在伐木事业中"。

虽然其他地方也有工作机会，但太平洋西北地区居民中的核心群体深感与这片土地紧密联结，即便在伐木行业衰落后他们仍拒绝搬迁。他们用自己所知的方式为工作而战，但这种斗争很快演变成一种悲观情绪，继而转为满腔愤怒。因此，相关研究已经将太平洋西北地区的盗伐行为认定为"文化实践"的一部分，它不仅是对当地人过去共享的传统生活方式的强化，也为融入社区提供了一条途径。

后来，舍曼通过研究得出这样的结论：羞愧、内疚、疾病、压力和毒品成瘾，都是太平洋西北地区去工业化后居民失业所带来的问题。她写道："在农村地区，工业萧条尤其具有破坏性。人们总是把工作当成生活的重心，而这些工作多属于夕阳产业，造成他们'原有生活方式'的消亡。"在其他研究中，许多被调研者表示，他们不想长期依赖情感或经济支持，因为这会让他们感到自己一无是处。舍曼目睹了失业带来的社会动荡：例如，如果父母一方为工作而搬家，或者父母在失业后离婚，家庭结构就会随之发生变动，这对家庭关系的影响是不可否认的。20世纪90年代末，洪堡县的一名教师曾解释说："如果父亲在森林里工作，那么他的孩子也就有了同样的梦想。"但当这份工作消失时，这份传承也随之而去。

许多伐木工人曾对这份如今不复存在的工作十分认同，这是一份在他们成长过程中前景光明且令人骄傲的工作。而现在，他们很难在这个新时代找到属于自己的一席之地。许多失业者表示，看到妻子外出工作，他们感觉自己丧失了男子汉气概。舍曼写道，家庭中出现了"整体的不和谐"，这导致权力斗争、普遍性暴怒和自毁行为，比如滥用药物。调查中80%的失业者表示，他们比平时更容易焦虑和沮丧，而工作是唯一能够消解这些情绪的良药。最终，失业带来的心理压力让一些人不堪重负，因此部分受访者觉得，相比于入不敷出，心理健康问题是更沉重的负荷。

这最终导致了大批"沮丧工人"（劳工统计局对他们的称呼）的出现——这些人想找工作却找不到，最后不得不放弃。通常，他们被归类为"无技能"或"文化程度低"的人群，往往生活在高失业率的地区。这种情况不会随着时间的推移而得到改善：20世纪末，许多消失的工作并没有被新工作所取代，或者说，至少没有被那些四平八稳、待遇合理的全职工作取代。相反，"劣等工作"层出不穷：多是临时工或合同工，时薪低，缺乏工会保障，不承诺最低工作时间，工资不稳定。从事劣等工作的主要是那些没有本科学历的人。普林斯顿大学的经济学家安妮·凯斯（Anne Case）和安格斯·迪顿（Angus Deaton）解释说："他们无法在快速发展、科技繁荣的城市里生活，所从事的都是全球化影响下容易被机器人取代的工作。"他们就这一主题进行了广泛的研究。

从1979年到2017年，本科学历以下的男性购买力降低了13%。凯斯和迪顿还指出，人们随之对工作场所失去了自豪感和归属感，这导致"生活变得支离破碎，失去了固有的结构和意义"。

自动化、全球化、教育要求的提高，再加上政府和机构的决策失败，与社会脱节、彷徨恐惧的一代在这样的时代背景下成长起来。自20世纪50年代以来，退出劳动力市场、放弃寻找工作的男性人数增加了五倍，其结果是许多农村地区都深陷社区困境：代际贫困、长期失业、环境退化、社会关系脱节、社会规范支离破碎。

如今的奥里克和福克斯正是在这种创伤的阴影下形成的。这两个镇都占据了县内珍贵的旅游资源，但是就像吉姆·哈古德说的，"这里没有就业机会"，"人们没有工作，伐木业已经消失"。奥里克商会主席说，当地的旅游贸易并没有蓬勃发展，相反，投资者纷纷撤离：他们停止了对奥里克的旅游开发，带着自己的积蓄离开了这里。

———

失业导致当地人情绪激进，与此同时，冰毒交易也在该地区蔓延开来。20世纪80年代，可卡因在美国大部分地区泛滥成灾，而此时，冰毒交易正悄然渗透到加州北部和太平洋西北地区的农村地区。旧金山海特-阿什伯里街区诊所的药物滥用专家对此发出警示。他们说，在加州，冰毒正沿着摩托车黑帮的行踪蔓延，"地狱天使"和"吉卜赛小丑"帮派常在偏远的农村地区贩卖毒品。

在整个太平洋西北地区，冰毒无处不在。到21世纪初，它被认为是加州北部威胁性最大的毒品。美国四分之一的冰毒瘾君子都居住在加州，当地人甚至会在自家住宅和后院制毒。加州司法部门的报告显示,吸食冰毒是家庭暴力案件的普遍诱因,它易于生产,唾手可得。2004年,波特兰警方处理了数百起对该市冰毒作坊的投诉。在温哥华臭名昭著的市中心东区,廉价旅馆里的顾客群体逐渐从休假的伐木工人变成了瘾君子和精神病患者。

当时的戒毒治疗通常不大关注冰毒和工作之间的联系,但冰毒最初恰恰是为工人研发的药物。在第二次世界大战期间,安非他明(即苯丙胺)是一种能够让士兵保持精神活跃的兴奋剂,对于军队而言必不可少。日本人称它为"激发战斗精神的药物"。随着时间的推移,冰毒也得到了长途卡车司机和工厂工人的青睐,他们当班的工时很长,需要一直保持反应迅速、头脑警觉的状态。

洪堡县的药物滥用顾问迈克·戈德斯比(Mike Goldsby)说:"在严酷的就业环境下,我们确实看到很多人把吸食(冰毒)作为一种排解方式。冰毒的另一个优点是生产成本低。与其他毒品相比,冰毒很便宜,当这些(伐木)行业开始衰落,人们便渐渐沉迷于此。"

21世纪初期,随着各级政府对冰毒交易开展大力打击,一些州开始要求对含有伪麻黄碱(冰毒的一种关键成分)的非处方感冒药开具处方。然而,到了2010年,阿片类药物逐渐成为毒品交易的主要对象。冰毒也许不再是公众注意的中心,但它从未退出毒品交易的舞台。此后,它演变成了一项大生意——不再以常见的家庭小作坊的模式生产,而是在贩毒集团的操纵下通过卡车运到毒贩那里。

吸毒和失业之间的关系错综复杂。人们是因失业而吸毒,还是因吸毒而失业？詹妮弗·舍曼的一项研究描述了关于贫穷、绝望和自我憎恨的恶性循环，这最终导致药物滥用。更要命的是，这一恶性循环衍生出负面反馈循环：吸食冰毒人群的失业率高，且吸毒会导致长期待业，而如果没有工作，吸毒者则更易毒瘾复发。

吉姆·哈古德总爱调侃说，奥里克有三个教派，"天主教、浸礼会和冰毒派"。洪堡县的其他居民对他的观察结论表示赞同，镇上瘾君子的数量确实与日俱增。一名在尤里卡从事戒毒工作的服务人员说，由于街头存在大量奥施康定*交易的情况，奥里克有时也被称为"奥施镇"。镇上的绿谷汽车旅馆因剥落的蓝色壁板和住在其中的长租房客而显得与众不同，它的停车场堆满了各种废弃的车辆和家具。人们曾看到一名男子瘫倒在旅馆外面的栏杆上，嘴里还叼着一片芬太尼**。

在过去的20年里，冰毒给整个太平洋西北地区的小型社区带来了严重损失。2019年的一份报告显示，该地区已"被冰毒淹没"。报告还将冰毒的滥用与阿片类药物危机联系起来：冰毒是消除困倦最对症的解药，所以它的销售对象是海洛因和其他阿片类药物的成瘾者。华盛顿州的县政府官员说，街道上丢弃的针头通常会被认为是注射海洛因的工具，但实际上它们最常被用来注射冰毒。

---

*　奥施康定（OxyContin），一种阿片类止痛药，常被非法用作海洛因的替代品。
**　芬太尼（fentanyl），一种强效的阿片类止痛剂。

2020年11月，美国国家药物滥用研究所报告指出，过量服用阿片类药物（如海洛因或芬太尼）和兴奋剂（如冰毒）的现象正在以惊人的速度增长。发表在《国际药物政策期刊》(*International Journal of Drug Policy*)上的一项研究同样表明，由于产品质量的不确定性，许多阿片类药物的使用者转而选择甲基苯丙胺（冰毒）。目前，每年有数千名美国人死于服用甲基苯丙胺；短短十年间，过量服用药物的人数增长了三倍。"我所知道的是，冰毒随处可见，"德里克·休斯说，"到处都是，甚至出现在那些你认为不可能有的地方。冰毒的生意好得很。"

在被奥林匹克国家公园覆盖的华盛顿州各县，从2004年到2018年，由吸食冰毒造成的死亡人数增加了4.42倍。2018年，在华盛顿州，因吸食冰毒而死亡的531人中，77%是白人，且年龄都在47岁以上——这一人口结构表明，许多于"木材战争"时期在该州长大的人都在死亡名单里，他们目睹了当地社区如何被挤出了伐木产业。在洪堡，过量吸食冰毒者占过量吸食毒品者总人数的四分之一。随着时间的推移，冰毒成瘾者与太平洋西北地区无家可归者的数量同步攀升。

在林务局调查员安妮·明登20年的职业生涯中，她一直十分确信，木材盗伐与吸毒行为密切相关。她说："不幸的是，这些盗伐者中有很多人都有毒瘾。我所处理的涉及北美乔柏或槭树的盗伐案件，90%都与毒瘾有关。"这一数据与北美红杉国家及州立公园的护林员主管斯蒂芬·特洛伊的观察结果相似。特洛伊说，奥里克的经济贫困和"泛滥的冰毒成瘾"是促成盗伐的首要动机。

我采访过的几十个人都有同感,他们把盗伐归咎于冰毒、嗑药和毒贩。

但是,"创伤是所有成瘾行为的核心",成瘾研究者加博尔·马泰(Gabor Maté)博士如是说,他的研究成果在很大程度上影响了当今戒毒治疗的最新发展。此论断在太平洋西北地区得到了印证,由此也让我们注意到吸食硬性毒品*的现象愈演愈烈:人们服用硬性毒品不仅是因为它能让人更轻松地完成工作,更是因为它能有效地缓解疼痛。毫无疑问,吸食冰毒必定会付出代价,但在瘾君子看来,与"无毒可依"的痛苦生活相比,承担这份代价岂不是轻松得多?

迈克·戈德斯比如今主要从事与童年创伤有关的咨询工作。他解释说:"大多数人看到吸毒者(特别是吸食冰毒者)时会说,'你到底是抽了什么风?'但我们会注视着他们,关切地询问:'你遭遇了什么?'显而易见的是,人们渴望在吸毒中得到解脱。"

不过和其他地方一样的是,在奥里克这样的小镇上,一个人一旦与毒品产生瓜葛,就会被众人钉在耻辱柱上。谈起药物滥用时人们会感到羞耻,吸毒者被认为是"没有贡献"或"毫无价值"的废物。当我在 2020 年初第一次和丹尼·加西亚交流时,他否认自己吸食冰毒。但与其犯罪相关的司法文件显示,他"经常服用管制类药物",且服用的药物被归为"严格管制类"。

---

* 根据毒品对人的危害程度,分为软性毒品(soft drug)和硬性毒品(hard drug)。不容易上瘾的叫作软性毒品(如大麻),容易上瘾的被称为硬性毒品(如阿片、冰毒、海洛因)。

德里克·休斯认为，把冰毒吸食者盗伐木材的原因仅归结于为了购买毒品是有失偏颇的。"和其他所有人一样，我们有账单要付，有家要养。只不过我们住在遥远偏僻的地方，既没工作，也没有人愿意雇我们去保护树木，防止盗伐。人们断定我们这些盗伐者吸毒是因为晚上不睡觉，要通宵干活，"他说，"其实我们白天黑夜都不睡觉。"

在这个故事的主要当事人中，休斯是为数不多的向我坦白自己吸毒的人。从我们早期的交流开始，他就表达了想要戒掉毒瘾的愿望，尽管冰毒能帮助他集中注意力。"这是一个恶习，但很不幸我已经染上了这个习惯，"他承认说，"我不能没有冰毒，因为我不想再服用利他林了。"我们的对话常常变得富有哲理："做这件事的人和不做这件事的人之间存在着隔阂。而这种隔阂的成因其实是其中有一群人觉得自己比对方高人一等。但是，我讲道德，也会有所顾忌。一旦你开始了解我，就会发现我真他妈的是个好人。"

克里斯·古菲如今被称为"北美红杉大盗"，盗伐木材以获取冰毒的这一说法令他大为恼火。"可能你去找医生看趟病，回来就变成了瘾君子。"他说道。

"但我问你，"古菲后来补充说，"你出去工作，会得到报酬对吧？你会满足自己对吧？一个人赚到钱后会满足自己的需求，这是最基本的。在他的需求得到满足后，做什么或不做什么都是他自己的事。"

――――――

值得注意的是，美国有线电视台的热门真人秀节目《干预》*的一期节目揭示了盗伐和吸食冰毒之间最显著的联系之一。这期节目的主人公是科利·汤（Coley Town），他住在洪堡县南部的城市芬代尔（Ferndale）。汤是一位体贴的丈夫和称职的父亲，但却不慎染上了毒瘾。他年少时的生活充满艰辛，父母婚姻破裂后人生几近崩溃。母亲患有毒瘾，汤为此深受其害。汤曾经做过十几年的伐木工人。"除了链锯的刺耳噪声和树木的尖叫声以外，"他对着镜头说道，"那算得上是一份宁静的工作。"

我们见到汤时他没有工作，但他相信自己可以通过盗伐树瘤赚到足够多的钱，摆脱贫困。观众们看着他在车库里吸食冰毒，又在光天化日之下去盗伐树瘤。"这里是树瘤之乡，伙计，我可没骗你。"他对一个朋友说道，竭力打消对方的顾虑。就这样，两人开着一辆小卡车向森林进发。

我们跟随汤的脚步进入森林（确切地点未透露）。当他向朋友大喊说发现了一块长在北美红杉基部的优质树瘤时，我们就站在他身后几步以外的地方。众人目睹着汤用链锯把树锯开，在靠近树干中间的部位将树瘤砍下，再把这些禁止采伐的木材扔下山坡，最后装进卡车车厢。

汤（信口开河地）解释道，树瘤是树上长的肿瘤，但它们的销路很好，可以赚大钱。与此同时，冰毒让他觉得自己所向披靡，"感觉我只用一根手指就能撬动整座大山"。摄像机跟随汤在树林

---

* 《干预》（Intervention）是一档针对瘾君子问题的真人秀节目。

里拍了9个小时。"你得到这儿来，伙计，"他站在某处喊道，"这是我见过的最大的一块……我不是在做梦吧？我们再也不用干活了！真漂亮……它能让我们赚2万——不，是3万美元！"

"我们一直没能让他摆脱对树瘤的执念，"他的妻子在镜头里讲，"他如今对树瘤的痴狂与冰毒脱不了干系。"汤也同意她的看法："我不仅对冰毒上瘾，我还对树瘤和各种瘤都上瘾。"他认为盗伐树瘤既是毒瘾发作的症状，也是一个拯救自己的机会。但在三个月的时间里，汤一块树瘤也没卖掉。

有一天，他装了满满一卡车的木块，载着它们去往尤里卡郊外一家名为"树瘤王国"的商店。我曾无数次路过那里，商店的大招牌在公路上非常显眼。在对这些木材进行估价后，店主给汤开出了500美金的收购价，这是个少得可怜的数额。他承认自己给汤压了价，因为汤看起来就是一脸"吸毒相"。最后，汤离开了，载着树瘤回了家。

在评论这一集时，《纽约时报》将科利·汤描述为"一个疯疯癫癫的美国边疆刁民"。反倒是网友们给出的评价包含了更细腻的情感。"我来自太平洋西北地区一个贫困的伐木小镇，周围都是伐木工人，他们吸毒就像其他人喝咖啡一样稀松平常，"一位粉丝在《干预》节目的官网上留言写道，"科利的生活方式和他吸毒的样子对我来说再熟悉不过了，看节目的时候我心里很难受。"

对许多在太平洋西北地区生活或长大的人来说，汤的经历都让他们感到熟悉。一位已经戒掉冰毒的受访者说，他记得有一天晚上，他正坐在华盛顿一个毒贩的公寓里，一个男人拿着一块刚砍下来的槭树板皮走了进来,说打算把它制成一把吉他。

毒品和毒品交易在更广泛的文化中占有独特的地位,在洪堡尤其如此:它们既是该县的救世主,又是该县的捉拿官。作为加州北部"翡翠三角"*的一部分,洪堡县的经济发展几十年来一直受到大麻产业的推动,交易类型包括黑市交易和(现在的)合法交易。进入洪堡县,道路两旁都是大麻公司的广告牌,旅游景点老旧的房屋也被改造成了药房。大麻种植对经济的推动作用很大,公共广播电台甚至会为采摘季收大麻专用的大桶打广告:"好市多**火热促销中!"(电台是这样募集捐款的:"'金叶子'到货啦,难不成你有更好的地方花掉刚发的薪水吗?")

当地有个习俗,不能问洪堡人他们是做什么工作的。"这是一种特殊的礼仪。"记者莉莎·莫尔豪斯(Lisa Morehouse)在《加州报告》(*California Report*)上写道。在采摘时手指会被大麻树脂弄得黏糊糊的,因此"在整个采摘过程中,你不能和别人握手,拥抱时则要张开手臂,手心朝上"。

如今,大型企业终于了解到大麻种植散户几十年前就发现的奥秘:北美红杉生长的环境潮湿阴凉,非常适合种植大麻。洪堡县公共土地上所发生的一些大面积的非法毁林,其动机都是想要

---

* 翡翠三角(Emerald Triangle),美国本土最大的大麻产区。
** 好市多(Costco),美国仓储式零售业巨头。

种植大麻；研究人员和公园护林员已经证实，加州北部有数千处非法砍伐地被改造成了大规模的大麻种植地。他们认为，破坏森林与偷猎大象造成的损失不相上下。

然而，兴旺的大麻经济未能成为奥里克这样的小镇的经济救世主。实际上，它让该地区陷入了另一种经济转型的泥潭：从暗箱操作到合法分销，两者间的过渡并没有将大麻生产转移到光天化日下那么简单。例如，美国奈飞（Netflix）公司出品的纪录片《丧命山》(Murder Mountain)如实反映了在加伯维尔附近的返乡社区中，大规模非法种植大麻的法外之徒的生活。在影片中，尤里卡和阿克塔的路灯杆和社区信息板上贴满了失踪人口的海报。（加州北部的原住民妇女失踪案件数量居全州之首。）如果你想逍遥法外，洪堡县绝对是不二选择。该地的暴力冲突不断发酵升级，如今它作为一个失败的乌托邦已经与外界孤立隔绝。反政府组织、三教九流人士、环保偏执狂和大量的流动人口都聚集于此。《丧命山》里的一位居民说："70年代之后，爱与和平就从这里消失了。现在大家只谈钱。在这里，你能够依稀看到拓荒时期的美国西部。"

与此同时，洪堡的居住成本也越来越高。该县的许多常住居民因负担不起过高的房价而被迫离开所属的社区。在奥里克这样的小镇上，住房存量严重匮乏，迫使房价远超想要来此定居者的承受能力。该镇的商会担心，还没等到有人愿意在过热的房市里掏腰包，那些房子可能就已经坍塌，变成废墟了。奥里克由此陷入困境：它因毒品买卖和房屋破败而闻名，这让想要在此安家或前来旅游的人望而却步。

詹妮弗·舍曼对金州*衰落的伐木贸易进行了开创性的研究，在结尾处她提到了政治："从许多受访者的角度来看，政府优先考虑城市自由主义者的利益，如饱受诟病的环保主义者，他们被指责是造成如今贫困状况的元凶。大多数居民认为，双方都不在乎百姓的生活质量和经济收入。"但舍曼指出，专注于道德和个人议题的右翼分子的论调击中了要害："若你需要靠猎枪来养家糊口，那么枪支管制于你而言就是个严重的威胁。"

换成斧头，也是同样的道理。

---

* 指加州，由于早年的淘金热，加州的别名叫作"金州"（The Golden State）。

第 12 章　猫鼠游戏

那棵树受到了监视。

——丹尼·加西亚

2013 年 5 月 25 日,也就是听到语音信箱里特里·库克愤怒留言后的第二天,罗西·怀特刚到工作单位就收到了丹尼·加西亚的电话留言。他说他想谈谈,并同意去怀特的办公室。那天午饭后,他坐下来和怀特谈了一个多小时。

公园文件记录如下:加西亚坐在怀特对面,承认他认识这八块从"神秘树林"缴获的树瘤板皮。他坚持说,自己第一次看到这些木材,是在距离北美红杉溪小径大约一英里的某处砾石铺设的停车场入口。根据怀特后来的报告,他凭借记忆描述了木材独特的鸟眼漩涡,且暗示他曾亲自修整过这些板皮。怀特随后带他去了公园管理局存放被扣押木材的南方运营中心仓库,加西亚确认这些木材确实是他在砾石停车场看到的那些。然而,仅凭加西亚认识木材这一点,并不足以对其进行拘留。护林员需要切实的证据,需要人赃俱获。

两天后,从北美红杉溪运来的赃物明显多了起来,护林员在奥里克一家名为"比尔树瘤"的商店里扣押了这批木材。它们被堆放在商店的门廊上，护林员发现其纹理与在"神秘树林"拍摄的照片上的木材花纹相匹配。该商店的老板说，这些树瘤是在"深更半夜"突然出现的，而且没有附任何证明文件。"我到处打听它们是从哪儿来的，"他说，"有传言说是丹尼·加西亚送来的。"

然而，护林员们仍然缺乏足够的证据给加西亚定罪，于是他们继续调查新的盗伐地点，希望能够多指控几个"法外狂徒"。

护林员们开始怀疑盗伐者一直在监听他们的无线电通信，并以此掌握其行踪，因为只要护林员来到公园附近，他们就能及时避开。公园管理局的官员也因未能远程拍到盗伐者作案时的画面而感到恼火：头灯或手电筒刺眼的光让藏在树上的摄像头拍摄的图像极易失真，且摄像头本身也经常被偷。因此，公园管理局的一个工作组开始尝试更先进的检测方法。他们与佛罗里达国际大学和加州州立大学的研究人员合作，采用激光雷达技术，在空中扫描森林。激光雷达技术帮助护林员确定了公园里最常被盗伐的树木的位置。随后，该工作组在树木周围进行了战略性部署，放置了摄像头和其他一些监测设备。

护林员们还应用了另一种新工具：磁力传感器。他们将其隐藏在森林地面上，一旦检测到链锯上的高密度金属，传感器就会瞬间启动。护林员将其中两块成本约1万美元的传感器埋在之前的盗伐地点，他们相信"法外狂徒"会再次到访。每当传感器被激活，它就会秘密地向南方运营中心发出警报。然而自安装以来，两个传感器都毫无动静。

5月下旬，护林员罗西·怀特和劳拉·丹妮请求国家公园管理局的特别专员史蒂夫·余（Steve Yu）前来帮忙。史蒂夫·余原先在优胜美地国家公园工作，这次他来到北部并在北美红杉国家公园待了一整个夏天来处理这个案件。他说："我之前略微接触过木材盗伐案件，但不是非常熟悉。"到达奥里克时，他注意到这里不是一个典型的门户社区："根据我的经验，大多数门户社区都会竭力迎合游客。但奥里克是一个有些悲哀的小地方……这座小镇到处都是冰毒。"

史蒂夫·余和护林员们在一间放满白板的会议室里坐下来，开始认真梳理该镇的社会动态。"我们画了人物关系图，看看有哪些是成立的，又有哪些信息被遗漏了，"他说，"起初我们都累得够呛，可一旦在白板上捋顺，需要关注的重点就变得清楚明朗了。"

在史蒂夫·余看来，克里斯·古菲显然是"法外狂徒"的核心人物。但公园管理局的目的是通过给其中一个盗伐者切实定罪来向外界传达震慑的信号，相比起诉其他人，他们有更有力的证据去起诉加西亚。"我们私下与古菲聊过，"史蒂夫·余说，"我记得他非常聪明。那是他的信仰，他停不下来。"最终，他们决定集中所有资源给加西亚定罪。

余开始陪着护林员在镇上调查采访。"这是一场护林员与克里斯·古菲、丹尼·加西亚之间的猫鼠游戏，是一场持久战。"余说。接近6月底，调查组开始怀疑镇上树瘤店和居民院子里的部分木材是从公园边界处北美红杉溪流域盗伐来的，并非来自森林腹地。一天，当怀特、丹妮和余勘察这段溪流时，他们发现了两根浮在水中的北美红杉原木，它们被金属缆绳固定在岸边，树干的一些部分已被砍掉。河岸边散落着煤气罐、锯末和一块从卡车上掉下来的后挡板。

2013年的整个夏天，护林员们调查了全镇一系列非法销售树瘤的案件，其中包括他们在拉里·莫罗居住的绿谷汽车旅馆后面发现的一块树瘤板。另一块树瘤板出现在一个储藏设备里，设备的主人告诉调查人员，他是无意中听到有人谈论这里藏了树瘤。

与此同时，由于2012年在咖啡馆的暴行，加西亚需要定期与缓刑监督官见面。加西亚说，整个春天和夏天，护林员"不间断地"上门访查，这让他备感困扰："似乎每隔几天他们就会来一次——这儿瞧瞧，那儿瞅瞅，东翻西找。"护林员们从未在他的公寓里发现任何木材，但确实从他的卡车上没收过一些浮木，理由是他没有在隐世海滩上采集木材的许可证。

虽然公园管理局对加西亚案件颇有成效的调查于2013年夏天就已圆满结束，但几个月后警方才下发了逮捕令。直到2014年春天，加西亚的案件才通过了尤里卡法院系统的审理。不过护林员们并没有砸开加西亚公寓的大门，只是在4月参加了一次他的缓刑会议，并指控他犯有重大盗窃罪。5月，法院判处加西亚重大盗窃罪、破坏罪和接收被盗财产罪，并因盗伐北美红杉以及将其出售给树瘤店而被处以罚款11,178.57美元。拉里·莫罗接受了此案的认罪协议，只获得了三年的缓刑。

在此案筹备上诉的过程中，护林员劳拉·丹妮曾安排阿克塔的一位林业专家对盗伐树瘤的犯罪现场进行查看。这位专家名叫马克·安德烈（Mark Andre），来自当地一家咨询公司，也是评估木材价值的专家。除了计算木材体积外，他还测量了树木的高度和直径，评估了木材质量。安德烈注意到，这棵北美红杉的树干（直径10英尺）被链锯环割，心材都露了出来。虽然这棵树尚未倒下，但它面临着患病和腐烂的风险——事实上，树的下半部分已经开始腐烂了。在评测完存放在南方运营中心证据柜中的树瘤板的价值后，安德烈估计，这棵受损树木的总价值接近35,000美元。

在给加西亚判定刑期时，法官说："我认为加西亚先生的犯罪行为与吸毒有关……细数你的前半生，毒品的确是你犯罪的根源。"随后，法官又强调了其罪行的严重性："我认为可以这样讲，生活在加州北部海岸，周围都是壮丽的北美红杉景观，我们不一定要欣赏它全部的美。但我认为加西亚先生伤害树木的行为是一种投机主义……实际上我们保护这些树是为了本州公民，为了美国公民，更是为了世界公民。"

法官还指出了该罪行的特殊性："本州法律中没有任何法规……真正适用于此案件。加西亚先生，我确实认为，对你的判决能向社会释放出信号，希望其他人不要再犯下同样的罪行。"

"加西亚先生，最后我想对你说，我所看到的，是一个似乎因长期吸毒而犯下罪行的人。你无法改变这些，但我认为换个地方居住将有助于你做出有意义的改变，希望你能做到这一点。"

但加西亚拒绝自己被这样定义。"我砍那块树瘤是因为我需要钱来交房租，"如今，他在尤里卡的家里对我说，"我确实吸食冰毒很多年，但那并不是导致我砍下那些树瘤的原因。"

加西亚上诉请求降低罚款，并详细说明了媒体对此案的报道令他难以找到工作。"他们把我说成是最烂的那种人，这让我非常困扰。外面有很多（树瘤），而且我也没有弄死那棵树，"他声辩道，"那棵树还没死，至于说我砍伤了它，确实是，可我已经不去想它了。但你们总是忘不了这件事。我不觉得我做得对，但话说回来，把树瘤砍掉对树的伤害并不像他们说的那么夸张。"

特里·库克站在他的院子里说，加西亚大肆砍伐北美红杉的时候，把事情闹得太过火了。"我跟他说过：'你这个混蛋，如果你再这样，我就把你撂倒然后亲自去告发你。'"库克说。库克的伴侣（也是克里斯的前妻）谢里什·古菲点头表示同意："他的所作所为让我们很恼火。每个人都很生气，因为那太蠢了。"

加西亚于 2014 年 5 月中旬入狱，在接受认罪协议后被释放。他被命令分期支付全部罚款，并远离国家公园。2015 年 10 月 22 日，公园管理局用碎木机销毁了加西亚盗伐的北美红杉树瘤。

第 13 章　积木街区

> 供出你的朋友，我就让你有未来。
>
> ——德里克·休斯

木材车削工德里克·休斯直到三十多岁还和父母生活在一起。由于工作前景一片渺茫，他发现自己很难把握住生活中任何确定或安稳的东西。根据他的母亲林恩·内茨的说法，休斯一家的生活十分艰苦，继父拉里·内茨的精神出现了问题，随着休斯年龄的增长，拉里的病情也在不断恶化。休斯始终无法自立，他没有足够的钱搬去别的城镇，仅是首月房租和租房押金就能把他压垮。

内茨家的房子是靠柴火炉取暖的，休斯有时会到附近朋友的土地上砍些栎树和美国草莓树的枝条来添置柴火。相比其他木材，林恩·内茨更喜欢这两种，因为它们燃烧得慢，释放的热量更多——睡觉前在炉子里添上一根木柴，到了第二天早上还在继续燃烧。但隐世海滩距他们的住处只有几英里，去那里获取柴火更加方便——即使那些干燥的北美红杉老木头十分不禁烧，不一会儿就薪尽火灭。

休斯家所属的社区被大家称为"积木街区"，坐落在 101 号公路两侧的商铺后方。林恩则称之为"廉租房区"。这里的许多房屋看上去杂乱无章：有的正在翻修，有的院子里堆满了砍好的木材，有的则停满了汽车，还有的摆放着盖着防水油布的旧机器。

休斯于 2010 年左右开始与丹尼·加西亚在隐世海滩盗伐木材，两人是通过"库克大院"的熟人关系网认识的。加西亚比休斯年长近十岁，但他们建立起了成年人之间坚不可摧的友谊。"你懂的，两个成年人得去赚点钱，"休斯说，"那便是我们要做的事。"

加西亚起初带着休斯一起在深夜盗伐木材，之后休斯就开始单独行动。他穿着日常便装，把车停在离海滩尽可能近的地方，徒手将木材拖到卡车上。他风雨无阻地出门，借着手电筒的亮光，用链锯将散落在沙滩上的原木切开，从侧面劈下大块的木头。有时候，这些在海滩上被砍过的原木像是一条条直背长椅，坐在上面可以观望海景。

起初，盗来的树瘤被用来添置家中炉子里的柴火，或是供休斯练习车削制木。"得到一块可以做成碗的木头很容易，"休斯说，"我觉得，如果做得足够好，就能靠这个赚点钱。"不过最终，他把目光转向了更大的市场：将盗伐的木材卖给当地的商店和工匠，以赚取利润更高、更即时的回报。有时，这些木材被制成工艺品进入市场流通，有时则被制成木瓦。"这种行为不会带来任何伤害，"休斯这样评价盗取木材这件事，"而且你知道的，如果他们把海滩还给我们，大家就不会靠近森林了！"

"没有人会在出去干这活儿的时候大声吆喝：'我要去犯罪啦！'，"他补充道，"住在这儿的老伙计们会说：'我要去做我干了很多年的活儿。'如果被抓了，那确实够倒霉，但这就是我们一直做的事儿。"

在此期间，林恩已经开始在公园里工作。起初，她在金崖海滩和草原溪附近的露营地售货亭工作；后来，她在附近的户外教育营地当维修工。镇上的人都知道林恩待人友善，热爱动物。她经常到当地的一家咖啡馆与店主一起喝意式浓缩咖啡，脚边拴着她的宠物鹅。她曾在脸书上发布过一张自己的照片，照片里她身穿公园制服，满脸自豪地站在阳光下。但渐渐地，林恩·内茨和公园管理层之间的关系开始恶化。有一年夏天，由于她做的财务报表错误百出，公园没有让她重回售货亭工作。这让她感到自己被人冷落，慢慢变得有点偏执。

这种不和谐的状况后来开始呈现代际特征。与之前的加西亚、古菲和库克一样，德里克·休斯与奥里克及其周边地区的护林员的关系也十分紧张。"他们都不是洪堡当地人，"他说，"当地人知道该用什么样的态度和当地人相处。如果他们让一个当地人靠边停车，正好又彼此认识，那么气氛就会缓和得多。"

"对付他们，我只是以牙还牙罢了，"他继续说，"他们当然不喜欢。"他注意到 RNSP 护林员主管斯蒂芬·特洛伊和其他护林员总在"积木街区"周围转悠，试图在镇上培养线人。一位名叫布兰登·佩罗的护林员工作尤其卖力，据休斯说，他是特洛伊的"马前卒"。休斯说，他曾被两名护林员要求靠边停车接受木材抽查，当时他直接转头问佩罗："你真的要接他（特洛伊）的班了？"

忽然发生的一件事让护林员布兰登·佩罗警觉起来，这促使他将注意力从公路转移到梅溪附近的岔道上。佩罗的巡逻任务通常包括检查公路路肩上的可疑活动迹象，他记得在上锁的钢制农场大门左侧总有一堆石头，将101号公路与溪水隔开。但2018年1月24日，当他在北美红杉国家公园例行巡逻时，他注意到堆放的石头已经散落一地。有一些石头滚到了排水沟里，另一些则散落在大门周围。

佩罗沿着公路又行驶了大约四分之一英里，然后掉头转向，绕了回来。他停好国家公园管理局的专用卡车，下车仔细查看。在大门的左边，他注意到之前堆放石块的地方有几道很深的轮胎印，这些在树叶掩盖之下的印记，从大门一直延伸到一处小空地。在轮胎印消失的地方，他发现了一些锯末和木屑，散落在地上，呈半圆形。

佩罗野外出勤时会穿上防弹背心，上面别着无线电对讲机。他把头微微向右倾斜，对着接收器说明了情况。位于南面约五英里处的南方运营中心的护林员塞斯·盖纳（Seth Gainer）立刻收到了这一无线电信号。"这里看起来像是一个砍伐点"，佩罗报告说。在盖纳确认前去支援的途中，天空突然开始下雨。

梅溪是加州北部北美红杉生态系统的重要组成部分，最终汇入太平洋。梅溪两岸是密实的灌木丛，难以从中辟路，也不容易定位或抵达。佩罗盯着地面，辨认脚印和轮胎压痕的走向，紧紧跟随。在一些地方，灌木丛被轧平甚至碾碎，形状很不规则，看起来不像人为踩踏所致。

佩罗向右转身，注意到一条"渴望路线"——并非由公园护林员开辟和维护的官方小径，而是在"想走过去"的强烈渴望下被人为踩踏出来，路的宽度足以容纳一人通过。渴望路线，尤其是雨林中的渴望路线，常常隐约难寻，容易被人错过，但其实它们无处不在。佩罗看到其中一条通往山上。

然而，猝不及防地，天空开始下起大雨。佩罗没带外套，只能跑回卡车并开回南方运营中心，在那里换上一身干爽的衣服，并装上需要的设备。当他开车回到现场时，发现盖纳已经沿着小径往前走了。雨已经停了，但仍雾气朦胧。

这一次，佩罗带了相机，开始对地上的痕迹进行拍照取证。在护林员培训期间，他学过如何识别并评估森林中轮胎痕迹的新鲜程度，但事实上，是在森林中长大的经历让他掌握了深入观察轮胎痕迹的方法。多年来，他时常需要穿过偏僻的乡间道路去与朋友见面，也因此具备了识别车辆轨迹的能力。在梅溪，佩罗注意到这些轮胎的胎面花纹与东洋牌轮胎的很像——他自己的旧卡车所用的轮胎也是这个牌子。

佩罗与盖纳在渴望路线上会合。他们蜿蜒行进了大约75码，一路穿过粗枝高叶，最终到达一处山脊的顶部。佩罗转向左手边，发现了一段底部被挖空的北美红杉树干。透过一个三英尺多高的切口，他看到了里面的木材——浅色的木头与外面的树皮形成鲜明对比。飘落在苔藓和落叶上的锯末仍然干燥新鲜。

砍伐点周围散落着一些衣物和设备。虽然佩罗和盖纳能从木头上的切口看出它曾被链锯所伤，但树桩附近还躺着一把菲时卡*斧头。除此之外，树桩旁还有一只黑色的工作手套，估计是盗伐者干得热火朝天时摘下来丢在了这里。

两名护林员通过观察分析出盗伐者的策略：他们临时辟出一条小路，然后在树木背对小路的一侧下手，让切口冲着难以穿行的茂密灌木丛，这样树木的伤痕就更不容易被发现。木头的纹理是五年前丹尼·加西亚曾大加赞扬的"鸟眼漩涡"——一种波浪形的深琥珀色图案，如同湖水上泛起的涟漪。"这是一种很漂亮的木材，可以加工成桌子或其他工艺品。"佩罗说道。"鸟眼木"的价值比普通硬材木高出许多倍，抛光后会呈现出华丽的棕红色。

佩罗开始做笔记：

1. 树桩的直径是 30 英尺。
2. 它不是一棵十分完整的树。（该地区的北美红杉在受到国家公园的保护之前已经被大肆砍伐。砍剩下的这个树桩大得惊人，我们站在渴望路线上给它拍照，镜头甚至无法完全将它框住。）
3. 这棵北美红杉仍然活着，新的树苗已经从树的根基发芽。（北美红杉的独特之处体现在许多方面，最值得一提的是，它既可以从种子长成树苗，也可以直接从树桩上长出小树。北美红杉有一个习性：老树之前所生长的地方会突然冒出大量

---

*　菲时卡（Fiskars），世界知名刀具品牌，创立于芬兰。

的"仙人圈"*，那是从树木根基疙疙瘩瘩的树瘤中长出的新生命。）

4. 盗伐者的目标是树瘤，并非树干本身。

5. 从现场留下的物品来看，盗伐者会随时回来取走剩余的木材。

转身下山时，佩罗和盖纳看到附近有一根倒在地上、被砍过的树干。它的侧面有一些很新的六英尺长的切口，从那里锯下了不少板皮。

布兰登·佩罗于2016年冬天入职北美红杉国家公园，此前他曾先后在内华达州的大盆地国家公园和佛罗里达州的大沼泽地国家公园工作。他的父亲曾在国家公园管理局从事维护工作。佩罗在加州北部的雷丁（Redding）长大，那是一座伐木城市，西、北、东三面皆被国家森林环绕。

有时，佩罗的父亲会带他一起去上班，让他沿着林间小径漫游一整天；佩罗可以在任何他喜欢的地方驻足停留，钓鱼或研究野生动物的行踪。随着年龄增长，佩罗明确地知道自己将来想在户外工作，他认为执法工作每天都能带来新的挑战，这符合他的

---

* 仙人圈（fairy ring），即蘑菇圈，是大型菌的菌丝辐射生长所形成的。民间传说是仙子跳舞留下的印迹，因此得名。此处作者借指新生的北美红杉树苗围绕原先的古树基干生长的样子。

喜好。但他不想"在休息日也加班",所以最初他避开了林务局。参加国家公园管理局的培训项目之后,佩罗选择了森林保护这条职业道路——这意味着他要携带武器执法,而非简单地引导游客。

公园护林员,特别是在加州北部这样的偏远地区,经常被误解为广袤荒野的仁慈管理员——他们身穿卡其色制服,头戴棕色宽边平顶毡帽,时刻提醒游客"不要乱丢垃圾"。而实际上,几十年来,这份工作的内容一直都包括执法行动的开展——他们是身穿另一种制服的警察。这不无道理:护林员比边境巡逻队的士兵甚至联邦调查局的特工更容易在工作中受到袭击。

在追捕木材盗伐者的过程中,护林员存在一种矛盾的心理,因为他们深知一些同行在工作中被人杀害的事实,其中就包括奥林匹克国家公园的一名护林员在森林深处被枪杀的惨案。一项研究发现,国家森林公园的护林员对自己的人身安全十分忧心,他们会避免进入森林,有时会大力轰油门或巡逻显眼的路线,故意让盗伐者知晓他们的存在。

佩罗的上司斯蒂芬·特洛伊在来到北美红杉国家公园工作之前,曾先后于弗吉尼亚州的谢南多厄国家公园和费城独立厅任职。特洛伊被任命为 RNSP 的代理护林员主管时,丹尼·加西亚案件的调查工作已接近尾声(加西亚在特洛伊上任的第一天被判刑)。在特洛伊南方运营中心的办公室里,办公桌后面的墙上挂着一幅装裱起来的漫画,上面是一名警察在给一个面目可憎的罪犯戴手铐。

最终，佩罗回到了加州工作。他与妻子和刚出生的儿子在奥里克以南28英里的麦金利维尔镇定居下来。我们见面时，他正在和年幼的儿子一起观看打猎视频，他们还模仿马鹿的叫声，其乐融融。一直以来，在北美红杉森林工作是佩罗的职业理想之一。他知道，调任后可以直接接触到盗伐案件，他渴望在一个"高度执法"的公园里工作。北美红杉国家公园里的护林员比其他国家公园的护林员逮捕的不法分子更多，他们经常查获大量的毒品，拦截被盗的武器，有时也会偶然撞见携带无证枪支的人员。

在北美红杉国家公园巡逻的三年时间里，佩罗对公园面临的特殊挑战已十分清楚：这里有一条贯穿公园中心的主干道，护林员无法在一次轮班的时间内对数万英亩的森林进行完整的巡逻，奥里克及附近社区的社会经济形势每况愈下。佩罗要保护的北美红杉是一种宝贵的资源，它稀缺、美丽，在市场上备受欢迎。奥里克坐落在公园的边界附近，这意味着护林员有时需要在镇上街道、私人住宅和企业大楼里展开搜证或调查；每当此时，他们便担负起警察的职责，而不再是简单的护林员。下班后，他们去加油站或邮局时也都穿着制服。奥里克的居民普遍抱怨说，觉得自己被护林员当成了目标，时刻处于监视中。公园护林员和警察之间的界限往往模糊不清——护林员并不总是头戴斯摩基熊*帽、面容和蔼可亲的荒野向导，但也不是所有的护林员都佩带枪支——奥里克的

---

* 斯摩基熊（Smoky Bear），美国森林防火公益广告中的卡通形象。

居民一直被这样管理，生活得胆战心惊。

———————

2017 年，由于爱犬米斯特（Mister）的离世，林恩·内茨陷入了她自己所说的"又一次的抑郁"。尽管她想离开奥里克，但她心里明白离开并非易事。她早已在镇上有了属于自己的小圈子，也总能找到人去倾诉苦闷。但与此同时，她正经历着与拉里分离的痛苦。她在公园管理的一家教育中心工作，但慢慢觉得护林员对她的评价太过苛刻，只是因为她对当地人态度过于友好，尽管她也觉得那些人"并不是什么善茬"。

那时，德里克·休斯和女朋友萨拉（Sara）住在内茨家平房后面的一间棚屋里。他加高了屋顶，搭建出一个睡觉的阁楼，里面加上了保温层和石膏板。这回休斯总算有了自己的柴火炉。

那年夏天的一天，林恩和休斯正在隐世海滩上遛新养的小狗，两名护林员走了过来，向林恩发出书面警告，因为狗没有拴绳。休斯用手机拍下了整个过程，并于当晚发布在脸书上。视频中他和林恩都坚称，小狗之所以没有拴绳，是因为只有这样他们才能把小狗从一块大木头上抱过去。护林员回答说："无论是为了干什么，这都不允许。"更糟糕的是，他们以卡车登记不当的名头给休斯开了一张罚单。

随后画面转向沙滩，休斯被拉长的影子出现在镜头里，手里还握着一根鱼竿。当护林员要求他母亲出示身份证明并开具罚单时，休斯问道："我还在因为盗伐木材被调查吗？"

"没有。"一名护林员回答说。

"丹尼出狱了,"在视频中休斯这样对母亲说道,"我看过证据开示*的文件,显然我也因为砍了一棵北美红杉而被他们调查。真是受够了!"

事后不久,林恩·内茨就被公园的教育中心辞退了。她将自己的失业归咎于这起海滩上的纠纷。

---

* 证据开示(discovery),又称证据展示,一般是指控辩双方在庭审前按照一定的程序和方式相互展示各自掌握的证据材料的一项制度。

第 14 章　拼图碎片

（公园）不是为我们当地人建的。

——克里斯·古菲

　　站在被掏空树心的北美红杉树桩下，护林员布兰登·佩罗拟定了一个计划。他和同事塞斯·盖纳来到 101 号公路边一扇紧锁的农场大门附近，在树叶中间安装了两台小型动态感应摄像头。接着，他们顺着小道重新折回盗伐地点，又在沿途的树上安装了六个摄像头。

　　佩罗和盖纳需要定期回收这些摄像头拍到的影像，把它们带回办公室查看。2018 年 2 月的一个雨天，佩罗回到梅溪的案发现场，去更换存储卡。在那里，他发现小溪岸边有新的车胎痕迹：有人从倒在地上的原木和北美红杉树桩上砍走了更多的木材。不仅如此，原先树桩旁的一些木块现在也不见了。

　　回到南方运营中心，佩罗呆呆地坐在他那间没有窗户的小办公室的书桌前。墙上挂着一张约翰·韦恩（John Wayne）*的海报，

---

* 约翰·韦恩，美国演员，以出演西部片中的硬汉而闻名。

上面写着:"勇气就是,纵使心怀畏惧,也能策马扬鞭。"

佩罗将存储卡上的照片导入电脑硬盘。由于摄像头使用红外相机捕捉图像,所以大多数照片都是黑白的。摄像头感应十分灵敏,即使是微风拂过也会对图像造成影响,因此,他最初查看的几张都是废片。不过最终佩罗注意到,在2月2日拍摄到的照片中,出现了一辆浅色的小卡车,并在耳蕨丛附近做了一个三点掉头。镜头有一部分被前面的树枝遮住了,但在另一张照片中佩罗可以看清卡车司机的大致轮廓:那人站在敞开的车门旁边抽烟,烟头的火光明晃晃的。

佩罗尝试放大图片,可惜效果不佳。即便如此,佩罗依然觉得他认出了这个人的身形:高个子,非常瘦。他怀疑是德里克·休斯。之前他在镇上见过休斯,此人经常在海滩上捡木头。查看其他照片时,佩罗发现这辆卡车出现了许多次,尽管摄像头并不是每次都能拍到车上的人。于是他前往护林员主管斯蒂芬·特洛伊的办公室。

"你看这像谁?"他拿出笔记本把照片给特洛伊看。

"看起来像是德里克·休斯",特洛伊答道。"我也这么觉得",佩罗说。

———

特洛伊记得他的前领导劳拉·丹妮曾经说过,他们一直怀疑德里克参与木材盗伐的犯罪活动,但是"很难做到人赃俱获"。尽管特洛伊仍未掌握直接证据,但他认为,休斯从公园盗伐的木材的实际数量之多将令人"大跌眼镜"。

南方运营中心的护林员开始缩小梅溪盗伐案的嫌疑人范围。他们走访了一些树瘤店,并开车在奥里克四处巡视。"只要那人愿意说点什么,我们基本上都会和他聊两句,"特洛伊说,"很多人都不喜欢来(南方运营中心)。他们不希望自己被人看到来过这儿。"这迫使他上街和人套近乎,挨家挨户地敲门,访问当地企业。他和佩罗曾开车经过林恩·内茨家,在那里他们发现了一辆灰色丰田小皮卡,经检查它的车胎正是东洋牌。

结合与镇上居民的谈话内容、摄像头拍到的图像以及轮胎痕迹的分析,所有证据表明盗伐者就是休斯。尽管如此,护林员依然花了三个月的时间才从洪堡县地方检察官那里获得搜查休斯财产的许可。不过,他们认为这已经十分幸运——因为他们曾经花了将近两倍的时间才收集到了足够的证据去抓捕丹尼·加西亚。

执法部门在起诉木材盗伐案时需要面临的一个挑战是:要申请到逮捕令并推动案件在法院系统中进行审理。许多地方检察官不愿意接手盗伐案件,据丹妮说,这是因为"当有谋杀、强奸或其他案件发生时,人们就会优先考虑这些事情,而非盗伐树木"。对盗伐的惩罚往往也是不痛不痒,洪堡监狱已经人满为患。因此,当地的司法系统对提供的具体证据有很高的要求,以确保起诉盗伐者的理由正当充分。

在休斯盗伐案侦办期间,一位新上任的地方检察官来到洪堡,并靠起诉环境犯罪而声名鹊起。这位检察官名叫阿德里安·卡马达(Adrian Kamada),因致力于野生动物偷猎的案件诉讼而闻名,在工作伊始,他便充分意识到这些盗伐案件让公园不堪其扰。卡马达对环境犯罪兴趣浓厚,也非常支持执法机关采取措施预防和遏制环境犯罪的发生。当休斯被隐藏在森林里的摄像头拍到时,卡马达正在起诉洪堡近代历史上最离奇的环境犯罪之一:不法分子以身试险,爬上奥里克附近的悬崖,盗挖了数千株稀有的多肉植物仙女杯(*Dudleya*),并在网络平台和海外市场贩卖。

根据已收集的线索,护林员们下一步要做的是申请搜查令,然后去搜查内茨家的财产。这意味着他们不仅要向法院提出申请,还需要向多个执法机关请求支持。

正如护林员主管斯蒂芬·特洛伊所说的那样,执行搜查令总会让人产生一丝恐惧。"你永远都不知道,破门而入之后,里面的人们会作何反应,"他说,"这既让我们感到兴奋,同时也让我们惴惴不安。在搜查的前15分钟里,一切充满变数。"

2018年3月27日晚,国家公园和州立公园的护林员们集合,再次确认当晚执行搜查令的行动计划。此时,休斯和女友萨拉正待在家中。那间被休斯改造过的棚屋已经成为这对情侣的飞地,它在林恩和拉里的房子后面,是一个独立的空间。入口处,一张床单充当门帘,以防蚊虫飞入。进门后直走,能看到一架梯子通向休斯建造的阁楼,左边是放着电视、咖啡桌的客厅兼卧室。

很快,佩罗和特洛伊带领一队执法官员来到林恩家门口,并按响门铃。佩罗声明他们有搜查令,随后屋内的三人——林恩、休斯的妹妹劳拉和拉里——都走了出来。他们站在门前的草坪上,等候执法队搜查。

绕过院子，特洛伊和佩罗走近棚屋。此时，休斯和萨拉正躺在床上看电视。当休斯发现一支 AR-15 半自动步枪的枪管突然扫开门帘，停住不动，并瞄准自己的脸时，他很是惊恐。他认出携带武器的护林员是特洛伊，并注意到他的手指正扣在扳机上。

"长官，把指头从扳机上拿开，"休斯记得自己这样说，"如果你向我开枪，你将会付出惨痛代价。"

他也记得特洛伊的回答："闭嘴，出去。"

刚一走到屋外，佩罗就将休斯推倒在地，给他戴上手铐，并将他的头按在一辆卡车的轮胎边上。特洛伊记得休斯"废话非常多，唠叨个没完"。休斯否认自己与木材盗伐有任何关系，但根据庭审文件，他转头便对护林员埃米莉·克里斯蒂安承认说："是啊，我有冰毒。"休斯还声称，从他家发现的木材是他从朋友那里得到的，他的朋友是工厂的工人，从一堆废料里挖出了这些木材。

在护林员们清查棚屋时，这一家五口被留在后院。

"好家伙，"特洛伊回忆道，"我们搜出来不少东西。"

他们在里面发现了一个很像指节铜套的东西（尽管休斯说，它只是个皮带扣，只不过形状类似于违禁品罢了）、一只有冰毒残留的小塑料袋以及四根冰毒管。架子上放着一把手枪和一串公园遗失的旧钥匙。搜查队还查获了一台笔记本电脑，并没收了休斯的手机。

当护林员们准备离开棚子时，佩罗注意到门口的墙上用图钉钉着许多张纸。经查看，是丹尼·加西亚木材盗伐案的庭审文件——正如休斯在隐世海滩与护林员发生纠纷时向母亲提到的那样,他确实看过证据开示的文件。

在房屋外面,搜查队发现了一辆停在车道上的房车,里面有一个动态感应摄像头,上面刻着"北美红杉"的字样(REDW),这是护林员们藏在森林里的设备。搜查队还在住宅的其他三处发现了成堆劈开的北美红杉木材:边界围栏的边上,屋后木制平台悬挂的防水油布下面,以及与车库相连的木工车间里。车间里还有一台木工车床和很多即将被加工成木碗、处于不同切割阶段的北美红杉木块。

"看到他亲自车削加工木材的时候,我真是大吃一惊,"特洛伊说,"我们从其他案件中积累到的经验是,盗伐者贩卖的通常是原始木料,以板皮的形式出售。"但有几块较大的还没被车削。特洛伊说:"我们可以确定(这些板皮)就是我们调查案件所缺少的物证。如果他把这些木料车削制成木碗,我们将很难证明木料的前身就是那棵(从梅溪)被盗伐的树。"

休斯被押进一辆巡逻卡车的后座,前往位于尤里卡的洪堡县高级法院大楼。在那里,一名书记员记录了对他的六项刑事指控:严重破坏公物、接收赃物、重大盗窃、非法持有指节金属套、非法持有甲基苯丙胺(冰毒)以及非法持有甲基苯丙胺吸食用具。随后休斯离开大楼,等待内茨开车来接他。

"在那天结束的时候,"德里克·休斯后来告诉我,"(梅溪的)木材还在我家里。"

国家公园管理局竭力对盗伐者提起诉讼。加州的森林公园广阔无垠，护林员们却面对一个无解的难题：他们不能做自己的证人，其指控也无法作为证词去起诉盗伐者。因此，这就变成了一场听天由命的博弈——你只能祈祷游客会注意到树上有一处切口并主动上报，或者你能当场抓住盗伐者。

2014年，在护林员罗西·怀特和劳拉·丹妮调查了一系列的盗伐树瘤案件后，北美红杉国家及州立公园决定关闭101号公路沿线所有的路边避险车道及停车场。这本质上是一项禁令，目的是让停下的每一辆汽车都清晰可辨。但佩罗指出，这个政策反倒合了一些盗伐者的心意：他们得以在道路封锁时徒步进入森林并砍伐树木。再加上这片区域没有人涉足或开车经过，他们完全可以将木材藏在某棵树的后面，第二天早上再回来将它运走。佩罗说："所有繁重的活儿都能完成。"

包括佩罗在内的许多公园护林员都表示，在后勤安排和财政支出两方面的巨大压力下，他们抓捕盗伐者的手段非常有限。仅仅是对北美红杉国家及州立公园每一棵有盗伐风险的古树进行远程监控，就完全不切实际。用栅栏封锁公园来阻拦夜行者和半夜开车闯入的人，也是纸上谈兵。

因此，公园管理局开通了一条举报热线，但佩罗说他们几乎收不到什么消息，偶尔收到的零星几条也是"奇奇怪怪"。护林员们只能靠多在各个地区走动来碰运气，比如在实地巡逻时碰巧发现盗伐地点，有时他们也会通过和当地的线人联系来跟进追踪，因为线人多少知道一点东西。

"实际上,"佩罗说,"(我们可以)专门派一到两名护林员全职探查盗伐点。但当我们被其他工作所束缚,就需要花钱雇人来填补这个职位……"然而,森林中的个人恩怨和地盘之争已经促使盗伐者之间产生内讧,他们向执法部门互相出卖。在一些情况下,公园管理局提出,如果秘密线人提供关于盗伐地点的信息,就可以免除对其自身的轻微指控。同样,北美红杉公园协会已与拯救北美红杉联盟达成合作,告知盗伐者去向或提供线索的人将得到 5,000 美元的奖励。

护林员主管特洛伊对此次搜查取得的成果颇感欣慰,但他也知道,到最终给休斯定罪仍有很长的路要走。2018 年 5 月 9 日,6 名公园员工把一些从内茨家查获的木材装车,将它们带回梅溪。员工们把一截北美红杉大树桩和三块板皮放在电动手推车里,沿着渴望路线往前推。他们把那些木块在树桩上摆来摆去,最终木块像拼图碎片一样完美嵌回了树桩上。

2018 年 6 月,佩罗在调查德里克·休斯的盗伐案件时,找到了内茨的一个邻居,名叫罗伯特·安德森(Robert Anderson)。彼时安德森正被关押在洪堡县监狱。在交谈中,安德森承认休斯是他的朋友。他回忆说,一天深夜,休斯找到他,求他"帮忙干点事"。

安德森透露,2018 年冬天,他们曾两次在夜里从奥里克出发,驱车 10 分钟前往一个北美红杉树桩的所在地。安德森描述了树桩的大致位置:旁道附近一处林木茂密的平台。他说,当时休斯带了一把链锯。

据安德森描述,那天,他俩"大半夜在树林里走来走去,寻找某棵特定的树"。两天后的第二次夜行中,他们找到了那棵树,并开始收集它周围的北美红杉木块。他们把木块滚到山下,又滚至卡车边。安德森用手比划了一下木块的大小:高约 24 英寸。休斯告诉安德森,他要把这些木头做成碗。

5 月 24 日上午,安德森和休斯通过县监狱的电话进行了一次交谈。地方检察官办公室的一名调查员为这次通话录音,该音频文件推进了案件的调查进度。当时休斯去监狱里探望安德森,两人讨论了最近报纸上关于休斯案件的报道。公园管理局由此确认了休斯的声音,导致他以后再也找不到任何工作。"搞得好像是他们想要我去砍北美红杉树瘤一样,"那个声音继续说,"那篇报道把我们说得像是砍倒了一棵北美红杉似的,可那不过是一个树桩。"

安德森又给佩罗提供了一个有用的线索:他应该跟进调查一个叫查尔斯的人。

佩罗在小镇周围了解到,查尔斯·沃伊特(Charles Voight)在奥里克长大,与拉里·内茨在一家工厂共事多年。沃伊特和休斯是朋友,他们经常一起结伴出没。在梅溪盗伐案调查伊始,佩罗就曾拦下沃伊特,让他靠边停车,并在他身上发现了一根冰毒管。公园方面没有起诉这一违法行为,而是决定利用这一机会:他们将放弃指控沃伊特持有毒品,以换取休斯案的重要信息。

沃伊特在南方运营中心对面的一个市场工作,两个地点之间仅隔着一条 101 号公路。一天,佩罗和护林员埃米莉·克里斯蒂安走到公路对面,让查尔斯·沃伊特下班后到运营中心来。"

据佩罗说,那天晚上,沃伊特讲述了自己在休斯的邀请下和他一起"看树桩"的经历。沃伊特坚持说他事先不知道休斯的计划,但当他们到达现场时,他目睹了休斯用链锯从树桩上砍下木块。他告诉护林员那个地方在镇子北边,距此大约10分钟的车程,靠近一条旁道,在公路边上。他声称自己没有进行任何砍伐的操作;他只是一直在望风,并帮助休斯把木材装进卡车车厢。

佩罗确信,身高5英尺9英寸、戴着眼镜的沃伊特不是监控拍到的那个人。(嫌疑人的面部结构看上去也不像安德森。)休斯的身高和面部特点都与照片上的人特征相符,尽管他后来声称是沃伊特借走了他的卡车,而在他还回来时车上装满了木材。随后,休斯试图将这些木材卖给一名长笛制造工匠,但这位工匠拒绝支付休斯开出的高价。

摄像头仍然隐藏在梅溪岸边的树上。"要让休斯知道我们在监视他,"佩罗解释说,"只要我们看到他开车经过(公园),就会让他靠边停车——反正他总干一些违反交通法规的事——我们要看看他究竟在搞什么名堂。"

那年夏天,护林员收到了一份举报,详细展示了在休斯手机里发现的信息。许多短信——有些还附着照片——都与北美红杉古树板皮交易有关。

————

休斯说,他绝不会像加西亚那样砍伐活树。"如果它倒在地上，它就是已经死了，所以才会倒在地上。我们不会到处去糟蹋这些树。"

在审前听证会上，国家公园管理局的护林员和律师与休斯及其辩护团队齐聚在洪堡县法院的法庭。休斯看着公园管理局一项一项地出示证据，多年来，无论是与律师洽谈还是和公园管理局交锋，他始终坚持自己是无辜的。

在出示照片证据时，护林员们认定佩罗安装的隐藏摄像头拍到的戴头灯的男子是休斯。休斯后来回忆说："他们站在证人席上，全程没有一个人愿意看我一眼。"

检方还传唤了马克·安德烈出庭作证，他是阿克塔的林业专家，曾估计丹尼·加西亚造成的损失为 35,000 美元。在休斯案中的木材从内茨家被扣押后，佩罗也请安德烈为其评估价值。如今在四年后，安德烈再次回到南方运营中心，对堆放在证据柜里的 32 块木头进行了拍照取证（之后他会在电脑上分析木材纹理）。然后他和佩罗一起去了梅溪，在那里，安德烈用卷尺和围尺对树干和倒木进行了"间隙测量"。他在现场日志中做了一些记录，然后回到办公室，开始计算木材的市场价值。安德烈根据自己的测量结果，将从现场带走的木材数量转换成板英尺，得出盗伐木材的总量是 285 板英尺。最后，安德烈就这一数字咨询了当地的工厂，计算出这些木材在零售市场上的价格。

安德烈在法庭上说："我认识几个买家。这个市场很小，你知道的，只有寥寥几个买家，他们不喜欢过多谈论这件事。但与我交谈的几个都发誓他们只从合法渠道购买。"

板英尺是评估木材价值的标准单位，但有些买家是按重量付款的。（南方运营中心证据室里的赃物重达1,330磅。）其他买家喜欢按件付费：在这种情况下，安德烈保守估计，盗伐的木材每块可以卖到50美元左右。然而他认为，用板英尺可以更好地计算出木材的实际价值。最终，他对这些木材的估价为625.5美元。

显然，北美红杉古树的精确价值难以衡量。因为它在美国每年销售的所有木材中占比不到百分之一，这样的稀有性使其价值不受利率、房屋改建和楼房破土动工等更广泛的市场波动的影响。但是，若要衡量北美红杉的真正价值，就必须考虑到它对生物多样性的影响，它在森林中的作用，它对旅游业的推动，以及它在我们文化中的地位。

"顺便提一下，"在结束证词时，安德烈对法庭说，"这个树桩仍然活着，它正在发芽。次生树苗的嫩芽正从树桩上冒出来。它是一个树桩，但也是一棵活着的树。"

第 15 章 热潮重现

> 我猜你可能会说人们只是为了讨生活,仅此而已。
>
> ——克里斯·古菲

2018 年,在德里克·休斯等待他的案件进行审理时,太平洋西北地区的木材盗伐又出现了新一轮的增长。2018 年 2 月,木材每千板英尺的单价超过 440 美元(每千板英尺木材相当于 144 立方英寸,大约两考得),创下了历史新高,包括花旗松在内的多个北美树种的木材价格都大幅上涨。木材盗伐的收入可谓日进斗金,这让一些人愈发觉得,即使冒险也非常值得。

在华盛顿州,人们用"肆虐横行"(epidemic)一词来形容公共土地上层出不穷的盗伐现象。"人们内心绝望,"2018 年年底,华盛顿州森林保护协会博客上的一篇文章这样写道,"其中有些是瘾君子,他们从联邦森林和州立自然资源部的土地上非法伐木,为的是换取毒品。"

2019 年,温哥华岛上的木材盗伐同样十分猖獗,不列颠哥伦比亚省自然资源部的官员们为统计其管辖土地上被伐倒树木的数量而"忙得焦头烂额"。这些官员严格执行法律法规,出勤时穿着包含防弹背心在内的全黑制服套装,以确保省级森林的财政收入不受损失。随着森林犯罪率节节攀升,官员们不得已开始接受徒手格斗的培训,一份报告甚至建议他们随身携带警棍和辣椒水喷雾。

2019年一个阳光明媚的春日午后,我跟着卢克·克拉克(Luke Clarke)一起巡逻,他是一名在纳奈莫市(Nanaimo)外任职的官员。短短几个小时,在距离中央公路仅一英里的一段路上,我们意外地发现了多处盗伐点。这里是连接温哥华岛各城镇的要道。

不列颠哥伦比亚省林务局门前公路的路肩上本该是参天树木,如今却只剩树桩呆立在地面。该省森林中仍分布着大量花旗松、槭树、铁杉和北美乔柏古树。随着时间的推移,当地居民和环保主义者已说服省政府制定政策,限制人们在城市和城镇附近的许多地区进行采伐。但官方管制未能让这些地方幸免于难,盗伐热潮达到了前所未有的规模。就像加州北部的北美红杉林一样,高耸于路边的树木成为盗伐者的理想目标,它们排列紧密,形成一片巨大的帷幕,在其掩护下,盗伐者能够迅速地将一整棵树伐倒,截成段,然后装进车里。"说实话,我已经跟不上了,"克拉克说,"被砍的树实在太多。"从2013年到2018年,不列颠哥伦比亚省自然资源部的官员上报了大约2,300起森林犯罪,其中最常见的是木材盗窃、非法采伐和森林纵火。

在这当中,盗伐者中意的种类主要是花旗松、北美乔柏和槭树。从木条到木瓦,这些树木"摇身一变",就会成为你能想到的任何木制品。

花旗松最常被砍碎然后卖作柴火，因为与其他树木相比，它能让火烧得更旺。你能在路边看到准备出售的木材，也能在脸书商城等平台看到相关信息，全部以卡车车厢为单位，按照统一价格出售。

与花旗松不同，北美乔柏常被制成木瓦、木条或家具，它的经济价值约是花旗松的三倍。北美乔柏枝干笔直，木材的颜色浓郁，香气怡人，这些品质使它备受珍视与追捧，尤其受到桑拿房和甲板制造商的钟爱。

值得注意的是，砍伐槭树需要一定的技巧。与北美红杉或花旗松不同，槭树的枝干盘旋交错，歪歪斜斜。在过去，槭树最终主要流向锯木厂，在那里被加工成"音乐木材"。但近几年，克拉克注意到新的需求正浮出水面。"走进温哥华的任何一家酒吧，你会发现他们用的桌板几乎都是整块槭树厚板，边缘未经雕琢，"他说，"这已司空见惯。那些桌子从哪儿来的？有些是通过合法渠道，有些就不太合法了。"

若知道要找的是什么，对于不列颠哥伦比亚省的那些盗伐行为，你很容易就能捕捉一二：泥泞的胎痕从散布松针的林间小路延伸至高速公路，路肩上，树枝散落一地。加拿大皇家骑警队森林犯罪调查分队设在不列颠哥伦比亚省，帕梅拉·温（Pamela Vinh）下士是分队的两名调查员之一，他说："这就像是从罐子里拿饼干——当你只拿走一块的时候，没人会注意。但是如果你连着拿好几块呢？那就显眼多了。"

我和克拉克向一处先前已认定的盗伐点驶去，行车途中，新的盗伐点不断涌现,以至于当我们偶遇一处刚被盗伐过的犯罪点时,他也并不惊讶。(短短一个小时内,我们就在花旗松古树丛里经过了三处盗伐点。)事实上,克拉克的工作已经变成了监测花旗松的枯立木,它们灰色的树干上满是纵裂的纹路,是该地区一些濒危物种的家园。

在新的盗伐点,克拉克跳下卡车,卸下他需要的工具,开始调查。他用卷尺和标有编号的塑料旗测量了这棵树,并对剩余的树桩和树干进行了拍照。然后,他在平板电脑上将这些信息录入数据库,以便日后对该地展开更深入的追踪。最后,克拉克扫描了地面上的轮胎印和靴子印。

这棵被盗伐的树曾矗立在一片森林中,如今这片森林已变成无家可归者的"帐篷社区"。在其中的某个地方,幽深的丛林与一湾小溪交会,周围的地面上满是枯倒木。在这些枯木当中,我们注意到有一根充当了临时的木桥,横跨在溪流之上,便于通行。这里既是露营地,也是盗伐点——人们通过这座简易木桥把木材运出去,当作柴火在路边出售,或者卖给邻近的纳奈莫市的客户。

纳奈莫市与美国太平洋西北部的社区有很多共同之处,它们都在经济转型和长期失业的浪潮中苦苦挣扎。对于温哥华岛上的许多盗伐者来说,市场需求只是其犯罪动机的一部分。不列颠哥伦比亚省正面临着民众无家可归和阿片成瘾带来的危机。2018年,纳奈莫市成为加拿大最大的"帐篷城"(居住于此的300名居民称之为"不满城"*），该市的流浪人口比例在全省首屈一指。

"帐篷城"的现状导致纳奈莫市出现了自我认同危机，市民们纷纷在广播节目和报纸评论区表达不满。尽管很多当地人宁愿相信无家可归者都是外乡人，但2018年11月，不列颠哥伦比亚省房管所的一份报告显示，帐篷城的大多数人已在纳奈莫居住多年。

自然资源部办公室的隔壁有一处全新的住房设施，这是为容纳"不满城"的部分居民而建造的。在它的停车场，克拉克偶尔会遇到一名他之前起诉过的盗伐者，原来他就住在这里。"他手头很紧，当我问他问题时，他对我非常坦诚，毫无隐瞒，"克拉克说，"他告诉我仅凭卖柴火就能赚钱。"

克拉克在各条小径和道路入口处的电杆上高高挂起了指示牌，宣传木材盗伐的匿名举报电话。他和同事们来到了横穿小镇的公路要道，在沿线的树上安装了隐藏摄像头。他还花时间从周边小镇上寻找线人。

在不列颠哥伦比亚省，案件的处理进度在司法系统中停滞不前是常有的事。与美国同行一样，加拿大的森林环保官员必须找到严密充分、无懈可击的证据，以便盗伐者能在法庭上成功受审。2013年至2018年间，在该省追踪的2,350起森林犯罪案件中，只有一半被调查和起诉，而在调查和起诉的案件中，仅有140起进入庭审环节。

---

* 此处原文为DisconTent City。"tent"意为帐篷，"discontent"意为不满，这里取双关之意。

阻遏木材盗伐所面临的另一个挑战是：对盗伐者实施合理的处罚。我们怎能仅用一个具体的金额去衡量一棵古树的整体价值呢？

———

若说近几年的情况有什么不同的话，那就是2020年和2021年，不列颠哥伦比亚省的情况变得更加糟糕。2021年4月的一个春日，我收到了该省阳光海岸社区森林管理员萨拉·齐勒曼（Sara Zieleman）的电子邮件。齐勒曼在信中告诉我，附近一棵200年树龄的花旗松于近期被盗伐。她说："在我们这片区域，古树实属稀缺资源，所以这真的是一项重大损失。"

阳光海岸位于不列颠哥伦比亚省的西南角，绵延110英里，与北美红杉公路所在的区域类似。它依偎在海岸山脉之下，紧邻众多峡湾和汊道，周围是一片广袤的森林，林中生长着苔藓。这里满是高耸挺拔的北美乔柏、花旗松和铁杉，虽然没有北美红杉，但生物种类也十分丰富。陡峭险峻的岛屿群点缀着海岸，人们可乘渡轮或私人船只进入。某些岛屿地域狭小，根本无人居住，其他岛屿上则散布着避暑别墅。那些长期居住在这里的人对当地悠久的伐木历史了然于胸。

在吉布森斯（Gibsons）小镇北部的公路上，阳光海岸社区森林是那个时代的遗迹。该社区森林建立于2003年，彼时，不列颠哥伦比亚省的森林战争阴霾仍未消退。志愿者委员会负责管理森林，具体包括环境保护、休闲娱乐和木材采伐。该委员会旨在填补森林保护和商业砍伐之间的空白地带，通过发放免费许可证来准许社区居民进行木柴捡拾和采收。阳光海岸社区森林制订了采伐计划，悉心保护树木以获得经济回报。同时，它也关注流域管理、可持续道路发展和野生动物保护区。

"我们每年会向公众发放数百份许可证，"阳光海岸社区森林运营经理戴夫·拉瑟（Dave Lasser）在 2020 年告诉我，"他们喜欢用柴火炉，家家户户都有。"四年来，他一直从社区森林里的同一个地方为自家采集木柴。"今年秋天，我大概能收获 10 到 12 捆木柴，"拉瑟估计，"烧柴火炉的时候我就会把它们全都用掉。采集木柴是一件很治愈的事情。"

尽管如此，社区森林仍然受到盗伐的困扰。2019 年春天，卢克·克拉克在皇家土地上追踪盗伐者的同时，拉瑟声称盗伐行为正在社区森林中"肆虐横行"。据他估计，在过去的五年里，大约有 1,000 棵树从社区森林及其外围的皇家土地上被盗走。拉瑟数了一下，仅在一段森林小路上就有数百个被非法砍伐的树桩。一片曾经长满冷杉、铁杉和北美乔柏的混合林逐渐变成了只有铁杉和北美乔柏的树丛，因为冷杉都被盗伐木柴的人偷走了。

有时候，阳光海岸社区森林的办公室会接到公众电话，称他们在森林里发现了一棵被伐倒的树。此外，拉瑟也会定期开车在阳光海岸社区森林街区巡逻。有一次，他在马路附近看到了一截被伐倒的树干。还有一次，他发现一棵约 70 英尺高的花旗松被草草地丢弃在地面上，周围森林茂密，没有卡车能够穿行其中。

"而更多的时候，人们的做法是找到一棵树，把它伐倒，横放到小路上,再将树心掏空,一棵接着一棵,重复作业。"拉瑟说,"人们把木头锯成一截一截的,扔进卡车,然后离开。"在许多情况下,一棵树的两端——即树冠和树干离树桩最近的部分——会被丢弃在路旁的一堆锯末里。他说:"当你走到一条荒废许久的小路上,就会发现那些被人摆弄得七倒八歪的树木,盗伐者们似乎把这里当成了他们的私人木柴砍伐林。能想象吗?在50平方米的范围内竟有10棵这样的树。"

2020年5月的一天,拉瑟开车经过一棵高耸的花旗松,树干上有一处巨大的V形切口,一个千斤顶以一去不回之势狠狠地揳在木头里。他猜测,盗伐者本想将这棵树伐倒,但链锯太小,便放弃了这个计划,只留下千斤顶在树干上。他哀叹道:"真是一团糟啊。"

在此之后,拉瑟就在附近的一棵树上安装了监控摄像头,希望能拍到盗伐者回来寻找更多木材的画面。几天后,摄像头确实拍到了一个人,他手持链锯,正将一棵有V形切口的树伐倒。然后,盗伐者有条不紊地将其截成段,再将这些禁伐的木材装入一辆皮卡的车斗中。

但当时是2020年,该省合规执法队里的一些成员已被重新分配到美国边境巡逻(自3月起,为防控新冠疫情,禁止一切非必要的人员流动)。植树和采伐都被认为是必要的活动,因此许多合规执法官员被派去进行监管,以确保人们遵守新冠疫情的防控协议。木材盗伐在优先事项列表中并不位列前方。

然而,人们对木材的需求却在不断增长。一卡车木材的单价高达300美元,这是前所未有的价格。任何脑子里有点想法的人都可以在一天内收获几卡车的木材。(在该省南部,靠近温哥华且人口密集的内陆地区,同样一卡车木材竟能卖到800美元的天价。)拉瑟甚至听到一些小道消息说,某些毒贩已经开始要求用木材代替现金支付。他们可以花几个小时把"战利品"用卡车运到南边,然后卖掉,迅速获利。

在戴夫·拉瑟眼里,猎獗的盗伐行为与毒品依赖之间的关联显而易见。"他们要为自己这种恶习花很多钱。"他警惕地告诉我。的确,阳光海岸社区森林广受欢迎的免费木柴项目允许任何人想拿多少就拿多少,但"个人使用"的采伐许可证必须由森林管理员发放,且人们只能在火灾季节之外的时间进行采伐,通常在秋天到春末之间。这一限制使4月至10月的采伐成为非法采伐,而这几个月正是游客到该地露营、点燃篝火的最佳时节。

一棵树必须达到至少250年的树龄,才能被不列颠哥伦比亚省列为古树。若那棵从阳光海岸社区森林被砍倒的花旗松仍一直挺立,它也许就能达到这一成就。社区森林的工作人员四处寻找具备古树特征的树木——高度超过100英尺,生长在茂盛的树丛中——并有意让它们保持原状。通常你会看到拉瑟所描述的那种"散落在林地上、孤零零杵着的"树木,它们在被伐得光秃秃的土地上显得苍凉而孤独,随着时间的流逝慢慢变成了古树。古树成为猛禽的家园,它们栖息在树枝和冠层,待猎物(通常是田鼠之类的小动物)冒险进入被砍伐后的林地,便俯冲下来将其抓获。那棵被揳入千斤顶的花旗松,其树冠已经在风暴中损毁,它也因此没有成为动物们筑巢的"野生动物树"。

随着木材价格的飙升，盗伐的收益让铤而走险的代价愈发值得。拉瑟说："如果这家伙出去一天拿到两皮卡木材，他就能赚500美元。即使你给他定了罪，罚款是多少呢？180美元而已。这甚至都比不上一考得木材的价格。"取而代之的是，许多自然资源部的官员和加拿大皇家骑警开始着力于交通检查，他们对装载木材的卡车车厢保持高度警惕，并要求查看司机的个人使用木柴的采伐许可证。如果不能出示许可证，木材将被没收，司机也会被罚款。

拉瑟认为，合理地保护古树不仅需要加大罚款力度，还需要增加在荒野深处巡逻的护林员的数量。但他想不通的是，这不就是驱使盗伐者去其他地方赚钱吗？

"要么去别人家里偷钱，要么去丛林深处偷树。"戴夫·拉瑟说道。

第 16 章　火源之树

> 我想你可能会这样说：有的人就是会信任某一些人，这是个小圈子。不论发生什么，这些人总是在众人之间享有声誉。
>
> ——克里斯·古菲

2018 年 8 月 4 日上午，奥林匹克国家森林公园上空升起一缕烟雾。8 月是太平洋西北地区火灾频发的季节，在接到一名徒步者于埃尔克湖（Elk Lake）下游小径起点上报的信息后，林务局的荒野消防员迅速行动，去追踪烟雾的来源。

一个由三名消防员组成的小队最终在一条热门徒步小径旁的峡谷里发现了烟雾的踪影。火灾发生在杰斐逊溪（Jefferson Greek）岸边，火苗将一棵成熟槭树包围，舔舐着树的根基。很快，这棵槭树就成了"火源树"，3300 英亩的森林大火从这里开始蔓延。

在火灾现场，火势正在减弱。消防员本·迪安（Ben Dean）研究了地面的状况，判断大火可能始于槭树根基的一处凹陷，但不清楚是什么引发了这场火。该地区十分潮湿，森林地面也是如此。迪安注意到，这里看上去像是某人为伐木做了准备：附近的一棵花旗松被修剪过，以便靠近那棵槭树，而且树干上还喷有一个标记。靠近槭树根部的地方放着两罐黄蜂杀虫剂。不远处,迪安发现了一个红色的汽油罐,还有一个迷彩图案的背包,里面装有一些伐木工人的常用工具:链锯的链条、锁、楔子和油。

三名消防员在现场做记录时,另一名林务局官员戴维·杰库斯(David Jacus)也赶来帮忙。杰库斯快到火灾现场时,一个当地人从他身边开车经过,他认出此人是贾斯廷·威尔克(Justin Wilke)。威尔克开的车是一辆白色的雪佛兰开拓者。与此同时,火势越来越大,火焰爬上了槭树的树干,开始灼烧树冠。消防员感受到了强大的热流,可是他们没有合适的设备来扑灭大火。迪安认为队员们在那里待得太久会有危险,于是他们将背包和红色煤气罐作为证据收集起来,然后离开了现场。

迪安决定去他停在小径起点的卡车上过夜,他将证据交给杰库斯,然后待在车里,监视火势的蔓延。杰库斯知道威尔克一直住在离火源树150码左右的露营地,于是他开车前往,并在一辆白色的露营拖车里找到了威尔克。威尔克否认在该地区盗伐过槭树。"我连链锯都没有。"他说。然而,当天晚上,一辆白色汽车朝着迪安停靠的小径起点急速驶来,在靠近迪安的卡车(上面清晰地印有金绿色相间的林务局盾形徽章)时放慢了速度,接着又神秘地掉头离开。

林务局没能控制住火势。这场骇人听闻的大火被称为"槭树火灾"。这场火持续了三个多月,烧毁了大片国家森林和公共土地,直到当年的11月才被扑灭,政府最终耗费了400万美元来控制火情。槭树火灾过后,林务局请来了一位专家分析原因,他证实大火的源头正是那棵槭树的根部。专家指出，由于湿度大，很可能是人为使用了助燃剂才使火燃烧起来。在进一步的调查中，林务局在该地区发现了另外三处槭树盗伐点，残存的树桩上拙劣地覆盖着树枝和凋落物。据估计，这些被砍伐的树木总价值为31,860美元。

尽管贾斯廷·威尔克当月一直在该地露营，但林务局的护林员得知他也经常待在另一辆拖车里，位置是距离埃尔克湖小径起点大约9英里的地方。在随后的调查中，杰库斯来到那里，他发现拖车附近的院子里有木屑和被锯成小块的槭树，还堆满了废弃的机器、工具和家具，与库克大院惊人地相似。

这处宅院的主人艾伦·里克特（Alan Richert）证实，在火源树现场发现的背包确实是威尔克的，而且威尔克在当年夏天和一个叫肖恩·威廉斯（Shawn Williams）的人一起在森林里盗伐槭树。两人将非法木材带到里克特的院子里加工成木块。（他们在附近的塔姆沃特市[Tumwater]找到了一家愿意收购这些木材的工厂。）

线人在木材盗伐案件的侦破中具有重要作用，槭树火灾就是一个典型的例证。在林务局对槭树火灾进行调查的过程中，威尔克认识的不少人出卖了他。他的一个朋友告诉调查人员，威尔克当时已经确定好要采伐那棵槭树，但他被树枝上的一个马蜂窝吓得不敢过去。

于是，威尔克想到了一个损招：干脆直接把马蜂窝烧掉怎么样？

第二天，威尔克和另外三个人来到树下，把汽油浇在树干上，然后将火点燃。起初，他们以为自己能控制住火势，他们曾试图用佳得乐的瓶子从附近的小溪里装水来扑火。然而，当火焰开始张牙舞爪地四处蔓延，这群人被大火吓得四散奔逃。最后，肖恩·威廉斯搭了一个朋友的车回家。那个朋友后来作证说，威廉斯曾抱怨自己的手被蜇了。

第二天早上，大火依然气势汹汹，空气中弥漫着烟雾。威尔克感到焦躁不安，并把链锯藏了起来。

林务局的护林员继续加紧调查。塔姆沃特那家工厂的老板给他们看了一本采购账簿，里面的记录显示，他在五个月内从威尔克那里购买槭树不少于22次。他的后院库房里堆放着数百块槭树木料，一直摞到天花板。每次交易时，威尔克都拿出一份许可证，证明这些木材全部来自私人土地。林务局的护林员按照许可证上的地址走访了这处可疑的地产，结果他们没有看到一个槭树桩，甚至连一棵槭树也没有。

不过，护林员在森林中发现的那三个槭树桩很快就创造了历史。威尔克案之所以为人所知，不仅是因为它所引发的大规模林火，还因为它采用了一种全新的手段将罪犯绳之以法。这是司法机关首次将树木的DNA检测应用于木材盗伐案的审理。

第三部分

树冠

第 17 章　寻木追踪

他们说，这就好比偷走自由女神像上的皇冠或从葛底斯堡*盗取墓碑。

——丹尼·加西亚

华盛顿林务局官员在开庭前准备时心知肚明，他们已经掌握必要的证据，能够证明威尔克一直在盗伐槭树。通过明察暗访，他们组织了一份强有力的证词，并计划请前林务局调查员安妮·明登出庭作证，以表明花纹槭树（木材的纵向纹路具有独特迷人的图案）拥有巨大的市场需求，同时确认威尔克案和该地区众多同类案件的相似之处——不论是作案工具，还是伪造许可证以及用凋落物碎屑掩盖树桩的做法，都如出一辙。

但他们仍面临着巨大的挑战：证明在塔姆沃特锯木厂查获的木材与从火灾现场树桩上取得的样本相匹配。为了获得有力的证据，他们将查获的木材送到林务局的遗传学家和分子生物学家里奇·克罗恩（Rich Cronn）那里，他在科瓦利斯（Corvallis）的俄勒冈州立大学实验室工作。

---

*　葛底斯堡（Gettysburg）战役是美国南北战争的转折点，当地建有国家公墓。

克罗恩的工作内容是测算乔木、灌木和草本植物的基因组变异。他为林务局所做的工作通常侧重于研究树木在遗传学层面的长期季节性变化，以促进森林管理水平的提升。但在2015年，林务局官员向克罗恩提出了一个奇怪的请求：能否帮忙鉴定查获木材的DNA是否与火灾现场残留树桩的DNA相匹配？

克罗恩向林务局保证说，对木材样本进行匹配分析在技术层面是可行的，但成本高昂。然而，在林务局工作人员的一再恳求下，克罗恩及其所在的研究站成功申请到资金，成立了一个专门的实验室，用于协助执法部门分析木材DNA。这间坐落于科瓦利斯的实验室成为"科学打击犯罪"作战计划的一环，并与同样位于俄勒冈州的美国鱼类及野生动植物管理局法医实验室共享技术方法和研究成果。

该研究小组利用DNA分析来确认木材（树木）的原始位置。他们从查获的木块上刨下一些木屑并磨成锯末，将其与一种溶液混合，以提取树木的DNA。这些DNA数据是后续应用单核苷酸多态性（single nucleotide polymorphism，SNP）技术的基础，该技术能够得到DNA分子中的数百个遗传标记，研究人员以此来识别树木个体。SNP技术此前已应用于法医工作，能够将犯罪现场的DNA与罪犯的DNA匹配起来。事实证明，它在提取植物遗传标记方面更为有效。

克罗恩研究各种生态背景下的DNA标记物，他一直致力于分析物种DNA在不同地理和气候条件下的演化过程。实验室的目标是建立一个覆盖全部区域的数据库，供执法部门和研究人员参考，帮助他们推断被盗木材的来源地。"我们不打算为温哥华岛（的所有花旗松）建立数据库，而是以奥林匹克国家森林为样本去展开尝试。"克罗恩解释道。一旦建成，该数据库将成为林务局的宝贵资源，用于确认盗伐木材（或锯末、木屑等证据）的最初生长地，即使树桩已难觅踪影。理想的情况是，未来研究人员可借助该数据库，确定任何给定样本的来源地（误差范围在五英里之内），从而更容易判断盗伐的木材是否来自公共土地。

数据库一直在缓慢稳步地扩充。克罗恩的团队成员已经确定了花旗松、洋椿树和栎树的对应范围，如今他们正在研究其他高需求的木材，如北美乔柏和黑胡桃。不过，野外工作繁琐且耗时。为了加速数据库的建成，实验室与一个名为"冒险科学家"的组织开展合作。该组织招募科学家从阿拉斯加、不列颠哥伦比亚、华盛顿和俄勒冈的荒山野林里收集树木样本，由克罗恩对样本逐一分析，再将其特有的遗传标记添加至数据库。

"冒险科学家"组织（又称"寻木追踪"团队）的成员熟练掌握科学采样的方法，且配备有齐全的工具。他们来到太平洋西北地区，从树干上钻取细小的树芯，从森林地面上收集落叶和球果，有时也从树上采集小枝。

该团队的目标不是为该地区的每个树种采集一两份 DNA 样本，而是在整个生物群系里，从同一个物种的所有树木中获得数千份样本。这将创建一个 DNA 样本阵列，显示出一棵树可能在哪里生长，而它的位置是由周围树木的 DNA 决定的。"DNA 序列并不能等同于邮政编码或特定的 GPS 地点，"克罗恩说，"但我们希望为人们提供的位置信息可以精确到1千米或10千米以内。"

"如果我们的法律不具备强制执行力,"克罗恩继续说,"那它就只是一项提议。我希望锯木厂的老板和购买原木的人扪心自问:我真的想坐牢吗?真的想被这种事牵连一辈子吗?"

2021年春天,克罗恩向全国的林务局官员发出了一份正式文件,询问他们当地的木材盗伐情况。他收到了170份回复,详细介绍了从盗窃木柴到盗伐木材做栅栏的各种情况。俄勒冈州的一位官员对一名黄扁柏盗伐者谨慎细致的犯罪行为做了这样的描述:所有的球果和树枝都被清走了,只留下一小片锯末,"就像有人用真空吸尘器吸过森林地面一样"。克罗恩预计,西部地区北美乔柏被盗的数量会越来越多;而在阿拉斯加,盗伐者相中的目标可能是黄扁柏和巨云杉。"乐器是我们调查的头号重点,"他说,"我想尽可能地调查所有音乐木材的盗伐情况。"如果情况理想,该技术将会发展到更高的水平,就连残留在卡车车厢板上的锯末痕迹都能被检测出来。

在东部地区,"寻木追踪"团队正跨越32个州(从康涅狄格州到得克萨斯州东部)在黑胡桃的分布地进行采样。东部地区的黑胡桃靠近河溪生长,因此它们的分布范围很广。"这可不仅仅是预测,"克罗恩就黑胡桃盗伐发表看法,"它是正当红的宠儿,是备受人们青睐的木材。"

在威尔克案的审理中,从塔姆沃特工厂查获的槭树木块,其DNA样本与森林中三个槭树桩的样本完全匹配。不过威尔克从未对木材盗伐的指控提出异议,他只是认为自己不该为森林火灾负责。

出席塔科马（Tacoma）市的法庭作证之后，克罗恩回到车里，在返回俄勒冈州的路上通过蓝牙音响收听了审判的其余部分。克罗恩听到威尔克的辩护律师提到了自己的名字：克罗恩提供的树木DNA证据十分有力，这点毋庸置疑，但这不足以证明威尔克就是那个点火烧毁森林的人。

克罗恩把车停在路肩，继续听着音响里的声音。"律师问道：'克罗恩博士怎么看？'"他回忆道，"我当时在想，我怎么可能把自己的看法打字传过去呢! 真够荒唐的。"

威尔克案开创了在盗伐案件中应用树木DNA检测技术的先例。护林员主管斯蒂芬·特洛伊在评估完这种最新的检测方法后提出，如果德里克·休斯案中查获的所有木材都被车削加工过，他们只需把其中一些送到克罗恩的实验室进行分析就好了。克罗恩承认，DNA分析可能无法阻止其他盗伐者的行为，但他希望能够向制造商和工厂发出警告。"我想，芬德公司*一定认为他们已经很严格地审查了加工厂的老板，也要求查看了许可证。但许可证可以造假（比如塔姆沃特那家工厂），我觉得他们不费吹灰之力就能用这些木材制作五把吉他。"

---

* 芬德（Fender），美国著名的乐器制造商，以生产专业吉他和贝斯闻名。

第 18 章　愿景所求

> 原先这里的每个店主都能收走我手里的木材，根本不成问题。
>
> ——丹尼·加西亚

虽然克罗恩的实验室专注于美国和加拿大被盗伐木材的数据库工作，但与其他地方相比，北美的非法木材交易量相形见绌。美国的森林面积仅占世界总面积的 8%，却是仅次于俄罗斯、加拿大和巴西的全球第四大木材储备国。

被盗伐的木材大多从巴西、秘鲁、印度尼西亚、中国台湾和马达加斯加等地进口到美国，以木制品的形式流入市场，具体而言，包括黄檀、乌木、黑檀、轻木和沉香等。世界银行和国际刑警组织等机构估计，每年全球范围内的非法采伐交易金额高达 510 亿至 1570 亿美元。全球 30% 的木材交易为非法交易。据估计，如今亚马孙地区采伐的木材中有 80% 是盗伐而来。（在柬埔寨，这个数字是 90%。）

无论其来源如何，非法木材通常会卖给中国的制造商。后者将其加工成家具、纸制品（包括食品包装材料和餐巾纸）、建筑材料以及乐器，随后发往世界各地的零售商，最终进入百姓家。调查发现，家得宝*出售的地板和宜家出售的椅子，有一部分产品的原料正是被盗伐的木材。

　　有时，盗伐只是为大型犯罪网络提供资金支持的一种手段。例如，极端组织索马里"青年党"非法贩卖木材和木炭（使用从索马里盗伐来的树木烧制而成）的收入最终都汇入了其资金流。研究显示，这些木炭被运往海湾国家，成为制作水烟管的原料。其他研究发现，在比利时，烧烤用的木炭源自猴面包树。在澳大利亚，有组织犯罪的团伙"柴火帮"每年从塔斯马尼亚岛偷运价值100万美元的木材。在缅甸，从阿朗多嘎德巴国家公园（Alaungdaw Kathapa National Park）盗伐的木材为某军事执政团提供了资金支持。

　　虽然已有相关法律对伐木作业实行约束，但是该行业常被忽视，缺乏监管。专家们说，在多种难以克服的因素的合力作用下，非法木材交易很容易达成，难以被禁止。这些因素包括：方便人们进入森林深处的基础设施项目，缺乏制止大规模毁林的政治意愿，伪造许可证等文件，消费者对产自这些地区的廉价木制品的持续需求。曾任联合国环境规划署高级官员的克里斯蒂安·内勒曼（Christian Nellemann）解释说："如果你贩毒或猎杀大象，毫无疑问你将面临被逮捕的风险。但如果你非法交易木材，没有人会特别在意。"

---

*　家得宝（Home Depot），美国家居建材用品零售商。

植物学家、作家黛安娜·贝雷斯福德-克勒格尔（Diana Beresford-Kroeger）对这一观点表示赞同："相比现在，在两千年前的凯尔特文明时期，树木和森林受到了更多的法律保护。"

———————

锡斯基尤和喀斯喀特山脚下，谷地里坐落着一栋不起眼的平房，这就是美国鱼类及野生动植物管理局法医实验室的所在地，保护濒危树种的工作在这里有序进行着。实验室的工作人员致力于侦破那些依托大型跨洲供应链发生的环境犯罪。

该实验室位于俄勒冈州的亚什兰（Ashland），于1986年在特里·格罗斯（Terry Grosz）的大力推动下建成。格罗斯在鱼类及野生动植物管理局工作了30年，是野生动物保护执法圈中的传奇人物，为了抓捕在夜间非法捕鱼的不法分子，他曾假扮成一条鲑鱼漂流到洪堡县的鳗鱼河。

1974年夏末的一个晚上，格罗斯换上了一身黑色的紧身潜水服。他身高超过六英尺，面相和善，胡子刮得干干净净，看上去更像是住在郊区的一位大叔，而不是粗犷的户外爱好者。半个世纪后的今天，格罗斯坐在科罗拉多州家里的厨房餐桌边和我交谈，他说当年自己假扮成鱼是一个大胆的举动，"但在那个时候，北加州的鲑鱼多到你无法相信，可能一不留神，就会在水杯里发现一条鲑鱼。"

在鳗鱼河，用大型刺网非法捕捞并非难事，捕鱼者甚至可以在浅滩用步枪射击鱼群，只是根据法律，他们必须得在太阳落山前 30 分钟停止捕捞。偷猎者不顾法律的约束,常在夜晚于岸边活动,用发光的诱饵钓捕重量超过 60 磅的鲑鱼。这种做法使得鲑鱼无法到达产卵地,导致种群数量大幅减少。即使渔猎执法官在主干道上设置了瞭望哨,也难以阻止非法捕捞的发生。这为 40 年后盗伐者在北美红杉林所实施的策略埋下了伏笔。

格罗斯把卡车开到了一个叫辛格利洞(Singley Hole)的地方——这是鳗鱼河流域的一处小缺口,鲑鱼从太平洋向河的上游溯洄途中在此聚集——他在这里换上潜水服,把逮捕文书塞进口袋,然后平躺在岩石上,让流水将自己带走。夜里漆黑一片,格罗斯听到哗啦啦的流水声,看到树冠阴影间透出的点点星光。"我努力地保持安静,"他回忆道,"然后就看到那些鱼饵在空中飞舞。"格罗斯抓住一只鱼饵,把它钩在衣服上,让自己悄悄地被拖到岸边。而后他猛地从水里跳起来,掏出逮捕令,为偷猎者奉上了一份"意外之礼"。

就这样,在格罗斯的职业生涯中,他的大部分时间都在北美红杉之乡度过。作为一名野生动物官员,他愿意为环保事业挑战身体极限,也因此而出名。他在鱼类及野生动植物管理局里迅速晋升,最终成为执法部门主管。

格罗斯坦言,他从不认为自己是一名户外爱好者。但他很愿意跨越人类固有经验的边界去阻止犯罪。他说:"我所从事的职业并不是一份简单的工作,它是对愿景的追求。"

美国鱼类及野生动植物管理局对野生动物贸易的打击可以追溯到1900年，当时制定的《莱西法案》（Lacey Act）禁止贩卖某些野生动物，以确保食物储备。不久之后，人们发现，仅靠立法并不能完全遏制环境犯罪的浪潮。的确，随着贸易网络的全球化，诸如此类的禁令的实施变得愈发错综复杂。到20世纪50年代，大量动物被非法猎杀；到20世纪60年代初，全球85%左右的鳄鱼被屠戮，用于满足皮革制品的市场需求。

1973年，美国在华盛顿特区主办了一次大型国际会议，会议通过了《濒危野生动植物种国际贸易公约》。《公约》和同年通过的《濒危物种法案》将改变鱼类及野生动植物管理局以及林务局工作人员的生活，更不用说那些居住在世界各地森林里的人们。

随着全球化的发展，美国鱼类及野生动植物管理局的工作人员发现自己的工作内容发生了天翻地覆的变化：不再是简单地搜寻藏在卡车车厢里的偷猎来的鱼和鹿，而是涉及起诉跨越美国边境的大规模国际贸易。格罗斯成为他们的联络人，1976年他在弗吉尼亚州的美国鱼类及野生动植物管理局总部负责濒危物种保护。

"说实话，我讨厌华盛顿。"格罗斯告诉我。但他的职业生涯已迎来新的开端，他将其称之为"远征之旅"。这是一段漫长曲折的旅程，通往执法和环保的交会点。他回忆说："这段旅程变得愈发错综复杂。进口商总能想出五花八门的办法把非法的东西带进国内。"面对不断变化的作案动机和层出不穷的犯罪策略，格罗斯竭力与其周旋。

2008年,《莱西法案》保护的物种扩大到非法采集的植物和木材。虽然野生动植物官员对起诉发生在当地森林里的犯罪行为得心应手,也擅长识别当地的动植物,但他们并不掌握系统的分类学知识,比方说不同种类的兰花有什么特点,他们也不了解是哪种树被加工成木板和屋顶木瓦,又被深深地堆在船运集装箱里。从法医学的角度来看,鉴定这些被查获的动植物本身是鱼类及野生动植物管理局遇到的最大挑战之一。突然间,开展大范围的科学调查需要借助国际贸易、生物学、刑事调查三方面的知识。仓库里堆满了查获的赃物,没有人知道该如何处理它们。

与此同时,格罗斯聘请了一位名叫肯·戈达德(Ken Goddard)的前犯罪现场调查员来拟定培训官员野外工作技能的方法。戈达德首次提出设立野生动植物法医鉴定部门这一想法,但只是停留在"用兔子和孔雀鱼做实验"这一层面。他认为格罗斯聘请他主要是因为他出色的写作能力:如果戈达德能够写出一系列以森林为背景的惊悚小说——实际上他已经写了——那么他将是为缺乏经验的官员起草犯罪现场调查手册的最佳人选。但他的职责很快就远远超出了撰写手册。

大约在戈达德被聘用的同一时间,一位名叫汤姆·赖利(Tom Reilly)的鱼类及野生动植物管理局的官员正在波特兰做一场关于游隼非法贸易的专题报告。赖利指出,一箱又一箱的游隼在沙特阿拉伯的机场被查获,但要指控是谁从美国走私了这些野生鸟类仍然非常困难,因为没有直接证据表明它们来自哪里。

赖利讲话时,观众席上的拉尔夫·维兴格(Ralph Wehinger)

听得格外认真。维兴格家族在亚什兰居住多年，在镇上颇有声望。维兴格是他们家族中的第37位脊椎推拿师，就像伐木工和渔民一样，他从祖辈那里学会了这门手艺。同时，作为一名业余的野生动物保护者，他孜孜不倦地努力，建立了多个保护区和一个鸟类康复中心。

报告结束后，维兴格举手提问："你们为什么不直接用DNA技术来确定那些鸟是偷猎来的？"

"我们还没有实验室。"赖利回答说。

维兴格决心改变这一境况。他了解到，亚什兰郊外的一处山谷是建造实验室的绝佳地点。他成功说服州参议员为实验室的建立提供资金，他还与国家奥杜邦学会的负责人达成合作，以确保资金顺利落地。最终，建造实验室所需的1000万美元被隐藏在一个不相关的支出议案里，迅速获得了国会的批准。

戈达德深知国际野生动物贸易的猖獗程度，不过他最初以为该实验室的工作内容是在安静的森林山谷里调查被盗猎的白尾鹿。后来他才了解到情况并非如此。戈达德聘请了木材化学领域的先驱埃德·埃斯皮诺萨（Ed Espinoza）来评估边境官员扣押并送至实验室的进口木材。"开始关注［树木盗伐］这件事时，我们震惊了，"戈达德说，"我们从其他国家的官员那里听说了整个森林被伐空的故事，以及一船又一船装满原生树木的集装箱被运到世界各地。如果它们被铣削成木板，我们就无法进行溯源鉴定，所以必须要想出一些办法来。"

———

如今，法医实验室设有一间大型仓库，戈达德和他的团队正在努力向仓库里填充"标准样本"——即目前在非法市场上交易的每一种植物和动物的样本——他们凭此可以将查获的物品进行比对。美国鱼类及野生动植物管理局法医实验室是世界上唯一能够鉴定《公约》中的濒危物种的机构，该公约在不断更新濒危物种的附录。(《公约》现在认为，木材背后有一个不可小觑的非法交易市场，堪与大象和犀牛的非法交易市场相提并论。)

运到法医实验室的盗伐木材主要来自非洲、南美洲、亚洲和东欧。例如，马达加斯加黄檀是世界上非法交易量最大的树木。被称为"流血之树"的黄檀具有标志性的深红色心材，是制作吉他等弦乐器面板的上好材料。该物种是《公约》的重点保护对象，也因此成为法医实验室的关注重点。2012年，吉布森吉他公司因购买盗伐的黄檀和乌木用于生产指板而被罚款30万美元。已被制成乐器的黄檀作为样本被送往亚什兰，由埃德·埃斯皮诺萨及其研究团队进行分析。同样，沉香木也经常以木屑或线香的形式被送进实验室。其深色的芳香树脂散发出一种麝香和泥土的气味，这种香气颇受欢迎，常用于香薰制品，每千克售价高达10万美元。

在实验室迷宫般的各个房间里，到处都是高度抛光的物品样本，如吉他、品质上乘的小提琴弦钮和钟表表盘。大多数木材是由美国海关和边境保护局、林务局、鱼类及野生动植物管理局等政府机构运送到实验室的。尽管森林管理委员会等木材认证机构要求提供监管链文件，但这些文件常被人忽视或伪造。桃花心木、柏树、柚木、水青冈……它们都被盗伐，用来制成家居用品，然后运往北美——如果执法人员足够幸运，就能阻止它们流入市场，并将它们送往法医实验室。

为每种濒危树木采集实验室标准样本是一项艰巨的使命，此举旨在追随瑞典分类学家卡尔·林奈（Carl Linnaeus）的毕生愿景，他于18世纪末开始为世界万物创建秩序。林奈被称为"科学家诗人"，他竭尽所能，求解自然之美的原因。他将物种之间的联系看作一种艺术形式，并在那些复杂精细、色彩丰富的植物绘画（深受英国和北欧的博学者喜爱）上煞费苦心。他想向我们展示在人类的世界里，植物如何彼此相连。他希望将植物之美与人类之美联系在一起。

通过建立秩序，林奈找到了这种联系。他将我们如今所说的双名法规范化并加以推广，被科学界用来确定动植物物种和亚种之间的关系与等级。林奈在他的著作《自然系统》(*Systema Naturae*) 中详尽介绍了这一颇具野心的分类法（尽管许多人不会说拉丁文）。该书自出版后不断修订，到第10版时已是鸿篇巨著，书内有手工绘制的插图，附有漂亮的手写体标注，展示了上千种植物的生物学结构。在这本书里，丹尼·加西亚盗伐的树瘤被归类为北美红杉，你能够查到它在各个层级中的位置，从植物界，到裸子植物门，再到松杉纲、松杉目，最后是北美红杉属。

林奈招募了一些对博物学感兴趣的年轻探险家和商人，让他们去世界各地收集稀有的植物标本，再送回他的办公室。有时，收集者的做法有失道德：他们常在当地社区盗伐植物，将其塞进板条箱，再用船偷运到欧洲。他们认为，这些植物需要在欧洲的知识框架内进行排序，它们所处的生态和文化背景，即在地球上存在的目的本身，远不如它们在更大系统中的占位重要。

《自然系统》的内容如今成了保护环境的工具。鱼类及野生动植物管理局法医实验室的目标是准确无误地查验出那一箱箱蛇皮、龟肉以及缤纷多彩的羽毛究竟来源于何地。实验室还带头将这种准确性应用于新的项目：建立世界上所有濒危树木的化学成分数据库。

埃斯皮诺萨开创了一种树木属别鉴定法。"目前来看，"他的老板戈达德解释说，"无论是谁，能做到的都只是鉴定出树木属于哪个科（科是高于属和种的分类阶元），所以这是一项令人难以置信的突破。埃德想出的方法是使用DART（实时直接分析仪）来分析木材中的油脂……他在这一过程中险些丧命。"

埃斯皮诺萨及其团队使用质谱技术鉴定化合物。他们先将树皮和木材中的油脂转化为气体，再将其注入一台办公室复印机大小的设备，这台设备就是DART。

技术人员用镊子将一小块木头（木材或树皮的碎屑）拿到机器的连接点上。连接点处有两个银锥，锥尖相对。把木头检测样本夹在银锥之间，将其加热到450摄氏度：你会看到木头的边缘开始闷燃并释放出蒸汽。

随后，蒸汽被吸收进那台设备，用作分析。最后，DART将分析得到的化学成分数据发送到一台与之相连的计算机上，在那里进行数据处理并沿着一个向量发生映射。该向量类似于指纹，能捕捉到每个树种的独特式样。

有一次，埃斯皮诺萨在用 DART 检测一块黄檀样本时突然感到头晕目眩。他赶紧扔下木块，跟跟跄跄地离开。原来，黄檀中含有一种天然杀虫剂，让埃斯皮诺萨感到眩晕的原因是一些气体从设备中泄漏出来。"这差不多会让他的大脑停止运转。"戈达德说。

在我走访实验室的那天，我发现桌子上有一副国际象棋，棋子即将被削碎送入机器，棋盒也难逃这一宿命。附近的一面墙上挂着一张木制手表的照片，看上去非常时髦，直到最近还在社交软件上销售。这些手表在边境被截获，已被认定是由非法木材制成。

埃斯皮诺萨向世界各地的许多国际野生动植物贸易专家介绍过他的工作。从护林员到海关官员再到环保专家，大家的反应不谋而合：这项技术将改变游戏规则。现在，实验室与世界上一些规模最大的植物收集库携手开展工作。通过将足够多的木屑样本送入 DART，埃斯皮诺萨和他的三人研究小组希望为世界上所有列入《公约》的树木（最新统计约 900 种）创建标准向量。从本质上讲，他们正在将传统的木材标本馆转化为数字化信息库。

许多被送到鱼类及野生动植物管理局法医实验室的木材样本都来自木材标本馆，它们曾经是世界上的大型植物园和档案馆的组成部分。木材标本如今很少见，只是静静地尘封在储藏室的角落里。不过，它们在木材盗伐相关的刑事案件中发挥着重要作用，也是俄勒冈州目前正在开发的反盗伐数据库的基础。

一个秋日，法医研究员卡迪·兰开斯特（Cady Lancaster）把我领到亚什兰实验室大院的一间侧屋，屋内的文件柜靠着墙依次排开。兰开斯特打开其中一只柜子，抽屉里塞满了文件夹，里面装着折叠起来的白纸，每张纸里都夹着一块薄木片。

几年前，兰开斯特还只是一名专注于全球木材盗伐贸易的林务局雇员，之后她被委以重任，去世界各地调查案件，进入霉迹斑斑的密室或是一尘不染、安保森严的档案室，从大块的木材样本上刮下碎片，其中许多木材是几百年前被砍伐的。兰开斯特的工作需要她四处奔波，她也因此结识了一些档案保管员和科学史学家，并在他们的帮助下寻找到热带和欧洲的树木样本，充实了科瓦利斯实验室的数据库。"我们的很多参考样本来源于1903年的世界博览会，"她说，"这简直太酷了。"

在华盛顿，卡迪·兰开斯特从史密森尼学会尘封已久的库存中翻出了书本大小的木板。在英国，她走访了位于泰晤士河畔里士满的皇家植物园邱园，并从那里将装满木片的细长白色信封带回美国。现在，这些样本和其他众多木材样本都被归档保存在俄勒冈州，它们正一步步地向DART吐露自己的秘密。

第 19 章　穿越美洲

> 人们来到这儿都是为了占用土地。
>
> ——鲁赫勒·阿吉雷（Ruhiler Aguirre）

  2015 年，在秘鲁伊基托斯市（Iquitos）附近，亚马孙河的某处弯道，一批盗伐来的木材被藏匿于亚库卡帕号（*Yacu Kallpa*）货轮上。这艘货轮将沿亚马孙河顺流而下，进入大西洋，接着北上前往墨西哥的坦皮科（Tampico），最终在休斯敦靠岸。亚库卡帕号货轮里装载的木材来自亚马孙森林，它们将被送往美国的工厂，在那里被加工成地板、墙板和门板。

  像亚库卡帕号这样的货轮，上面的船员既要保证货船完成航程按时抵达，又要确保沿途不出现任何问题。基于此，他们希望尽可能地保持低调，不引起任何注意：船上的货物是从秘鲁的洛雷托（Loreto）省盗伐来的，证明木材和源头树木所在地的相关文件也是伪造的。

  当亚库卡帕号向东驶入大西洋时，官员们正带着 GPS 监测仪深入森林核对具体坐标，他们负责根据木材文件提供的伐木地点核查文件的真实性。当他们发觉文件上的信息无法与实际位置对应一致，意识到木材很可能是盗伐得来的时候，那艘货轮已经在驶向美国海岸的航线上乘风破浪了。

根据绿色和平组织环境调查机构的报告，亚库卡帕号货轮上的那批木材源自国家公园和原住民保留地的树木。环境调查机构的调查员素以明察秋毫和百举百全而著称。鉴于国际贸易通常规模庞大，必须在这些非法木材进入市场之前，从海关层面对其进行拦截。但对于海关官员来说，鉴定大型集装箱内的木材种类绝非易事。将盗伐来的木材混在来源合法的木材之间是常规手段，因为任何一名海关官员都不可能有时间去逐一检查每艘货轮上的数百块木板。因此，官员们要依靠准确的情报来知晓需要留意的信息，比如船从哪里来，非法木材在哪批货物里。环境调查机构为其提供相关情报，而非法木材最终往往会被送进入埃德·埃斯皮诺萨的实验室。

环境调查机构调查过的一些盗伐案件是最高级别的有组织犯罪。他们曾查实，美国国会大厦之前准备安装的一套桃花心木门（据说能抵御恐怖袭击）是向洪都拉斯的一家公司订制的，而该公司涉嫌在联合国教科文组织世界遗产保护区盗伐桃花心木。之后，这批木门订单被立即取消。

近年来，环境调查机构一直是处理诸多重大国际木材相关案件的核心角色。2013 年，该组织的秘密侦探查明，总部位于美国的林木宝公司清楚地知道，公司购买的硬木地板的木材原料，是从濒危物种东北虎位于俄罗斯的栖息地盗伐而来。环境调查机构的团队在世界各地开展工作，从南美洲到罗马尼亚的森林，与国际刑警组织和国际执法部门一起揭露跨国木材非法贸易。该组织的研究表明，自 2012 年以来，有 540,000 吨黄檀被非法交易，相当于 600 万棵树。2015 年一份对源自秘鲁的进口木材的研究报告写道，90% 的木材被确定为非法砍伐。

在亚库卡帕号货轮案件中，环境调查机构派出一名调查员徒步深入秘鲁雨林，核查货轮文件上标明的伐木地点。经过五天的艰苦跋涉，调查员终于抵达了目的地，却发现那里仍是一片完整的森林。船上的木材原定要交付给拉斯维加斯的环球胶合板木材公司，那些木材来自一个不该被采伐的地方。

亚库卡帕号在登陆美国前多次更换了注册国家的国旗，但它没有料到的是，边境官员们已经得到消息：船内可能堆放着非法砍伐和运输的木材。当亚库卡帕号在休斯敦的码头停靠时，边境官员早已严阵以待。

他们知道，需要有明确的方法来证实被查获的木材源自盗伐。为此，他们向俄勒冈州的埃德·埃斯皮诺萨及其团队发起求助。

从高处鸟瞰，亚马孙森林如同一块绿色的粗绒地毯，直至飞机降落到停机坪之前，你都只能看到层叠的树冠顶部。而当你走下飞机，迎面便会涌来一股热浪。位于秘鲁东南部的马尔多纳多港（Puerto Maldonado）是马德雷德迪奥斯（Madre de Dios）省的经济中心，城郊开了许多家小型工厂：从机场到这里，一路上熙熙攘攘，酷热难耐，耳边断断续续传来链锯运作的声音，空气中

飘着细细的烟尘,道路两边码放着成堆的原木和木料。

沿着秘鲁和巴西的交界线,木材贸易已渗入这座城市,呈现出一派欣欣向荣的气象。跨洋公路犹如一条大动脉,穿过亚马孙森林,一路延伸,在马德雷德迪奥斯省与玻利维亚和巴西的接壤处进入秘鲁境内。滥伐促使这条公路建成,如今,来自世界上一些最为富饶的土地的人员和货物每天沿着这条公路川流不息。

马尔多纳多港东南方向大约一小时车程的地方是小镇因菲耶诺(Infierno),彩虹旗挂在砾石路上方,对游客表示欢迎。之所以得名因菲耶诺(西班牙语,意为地狱),不是因为雨林的湿热难挨,而是由于传教士曾给该地区带来了一场大流感。"他们感到浑身发热,于是就跳进了河里。"因菲耶诺的社区主席鲁赫勒·阿吉雷在小镇议会的会议室里解释道。但许多人在落入冰冷的河水时因失温而休克身亡——事实上,有太多的人因此而死,传教士看着他们漂浮的尸体,便给这座小镇起名为"因菲耶诺"。

秘鲁的土地是通过特许权体系进行管理的。与美国的林务局、国家公园管理局和其他环境保护机构一样,秘鲁的每种特许权——生态旅游、林业、保护地——都包含不同的职责。许多特许保护地和生态旅游特许权已经归还给原住民,相应地区也成了他们自行管理的传统领地。因菲耶诺社区拥有坦博帕塔河(Rio Tambopata)下游的一片特许保护地,这里是阿斯加人(Ese'eja) 1.5万英亩传统领地的一部分。供社区运转的部分资金来自联邦政府每年提供的60,000秘鲁索尔(约合15,000美元)的津贴,用于社会救助、教育、退休保障和医疗。

那年4月，为了参观特许保护地，我和记者米尔顿·洛佩斯·塔拉博奇亚（Milton Lopez Tarabochia）、阿吉雷以及三名向导一起，在一个雾色朦胧的早晨乘坐玻璃纤维船沿坦博帕塔河顺流而下。大约一个小时后，水上之行转变为森林徒步，我们要在森林里寻找下一艘船，它将载着我们渡过一个湖。找船途中，我们经过了一间护林员的小屋。这些河岸边的小屋是轮值工作的护林员歇脚的地方，通常有一个茅草屋顶，宽阔的露台上堆放着躺椅和丙烷罐。小屋是森林保护的一种形式：因菲耶诺的保护地已经成为木材盗伐者的目标。从2017年到2018年，当地一些长得最高的树木被盗伐，树木伐倒后被现场加工成胶合板和木板，然后运往城市里的市场。

慢慢划桨横渡钦巴达斯湖（Tres Chimbadas Lake）的过程中，我们看到了鳄鱼、水獭以及你能想象到的最为艳丽的鸟类。我们放慢速度，转向岸边，在一片茂密的翠枝绿叶间，闪耀着一束古铜色的光。船驶向码头时，我们渐渐看清了这束光的来源：岸边大堆加工过的木材。为了方便运输，它们被放在那里，之后将被送到马尔多纳多港的市场。"即便用上所有的装备，这些人也没办法把木头藏起来。"阿吉雷指着木材说，"这才刚刚开始。"

我们从那堆木材走过去，就像走在舷梯上似的。行进了大概六公里，我们来到森林深处，狭窄的小道上盘错着粗壮的树根，覆盖着从头顶大树上落下的树叶。沿途的盗伐痕迹触目惊心：这条从森林里辟出的小径并非由因菲耶诺官方或护林员修建，而是盗伐者所为，用途是将木材搬运到运输点。

在保护地，满眼都是裂果椿、桃花心木和一种被称为苏合香的硬木。但最被盗伐者觊觎的是铁木（这里泛指高密度木材），它是制作镶木地板的关键原料。一块 1 英尺长的铁木树干可以卖到 3 索尔，一整棵树则可以卖到 3,000 索尔（约合 775 美元）。这种木材通常被出口到亚洲进行加工，随后再运往欧洲和北美。铁木扎根于这片森林，为各种动植物提供栖身之所，金刚鹦鹉和角雕在其枝干上安家，后者是亚马孙地区最大的猛禽之一。在我们去过的每个盗伐点，龙凤檀（香豆树属）都是显而易见的目标，它是铁木的一种，也是亚马孙地区最高的树种。2018 年，专家们预测，由于盗伐的猖獗，未来 10 年内龙凤檀的数量将急剧减少。仅在这一年，就有 14.1 万立方英尺的龙凤檀木材被非法砍伐。2015 年，该保护地有 52 棵高耸的龙凤檀；到了 2018 年，只剩下 41 棵。

经过一棵高耸的龙凤檀时，我们竭力仰起头，但仍无法看到它的树冠。大多数龙凤檀的高度会在 1,000 岁时达到顶峰。和桃花心木一样，龙凤檀因木质坚韧而备受珍视，同时它也为因菲耶诺的阿斯加人提供药材和食物。它还是阿斯加人祖先在穿越森林时参照的地标，是行程中的休息站。龙凤檀已经慢慢成为最受南美盗伐者青睐的树种之一。"一、二、三、四，四棵铁木被伐倒了。"当我们在丛林小道上跋涉时，阿吉雷在一旁数着。

我们途经的第一个盗伐点被一层稀稀拉拉的树枝和干枯的落叶所掩盖。那里曾生长着一棵高大挺拔的龙凤檀。树桩前面有一块被清理出来的空地，盗伐者把它当成集结地，他们在那里将木头打包，然后用小型电动车沿路将木材运送出去。

在保护地的更深处，我们发现了另一片面积更大的空地，那里堆放着矩形木块，上面覆着一层厚厚的锯末。木块堆放的方式就像通往露天剧场舞台的台阶，能让人一目了然地看出树木之前生长的位置，以及它在哪里被伐倒、被锯成木块、被打磨。

对于在指定的保护地能做什么、不能做什么，政府有严格的规定，这意味着像因菲耶诺这样的小型社区要负责监管难以想象的大片的茂密森林。如果他们的土地上少了一棵树，他们就得承担相应的责任。"总的来说，只要这里的木头少了一英尺，我们就会有麻烦。"阿吉雷站在一堆木材上说，"我们负责照看它们，因此我们一直在重复今天这套流程。"

"人们在我们的土地上开展不同的活动，"他继续说，"有一户人家如今正在（保护地上）安家，他们占用了一块土地，进行木材采伐。用你们的话说，这些人就是'擅自占地者'。"

擅自占地是整个亚马孙地区的普遍问题。在秘鲁、巴西和玻利维亚，经济移民的现象积重难返，许多人在没有征得土地所有者同意的情况下就安顿下来，并开启新的生活。因菲耶诺保护地的边界与跨洋公路的一条主脉相接，小型定居点在那片树丛中如雨后春笋般涌现，难以监管，防不胜防。修建这条公路不可避免地破坏了该地区的原始生物多样性，但也为大型卡车将资源运输到港口打开了空间，进而开辟出一个贸易世界，为人们提供了外出就业的机会。

马尔多纳多港是一座移民枢纽城市，每天迎来约 300 名新居民。再加上从秘鲁安第斯山脉地区涌入该国南部工作的移民，这意味着在马德雷德迪奥斯这样的地方，到处都是努力讨生活的人，他们寻求各种法子来偿还债务，四下寻找住处。每天早上，都有人排着长队在马尔多纳多港的街道上等待，希望能被选中从事伐木工作。他们常被不法公司雇用，送到某个地方去非法砍伐树木。

"这种赚钱方式不合法，"阿吉雷说，"但它一直存在。这是一种文化里的东西，人们觉得可以随意去到一片土地，拿走那里的木头，因为那是他们需要的东西。"他估计，这 11 棵被盗伐的龙凤檀（总共约 3 万板英尺）价值约 1 万索尔（约合 2,600 美元）。

因菲耶诺的护林员有时会拆除擅自占地者在特许地上搭建的房屋，清走他们的物品，但他们很快就会卷土重来。护林员对盗伐现象心灰意冷、怒不可遏，对移民也有着同样的情绪。他们说，有太多来自秘鲁北部的人来到这里找工作。但是，这些伐木工人不太可能知道他们从事的工作是非法的。

在湖对岸，护林员有时会听到特许地上正在进行的盗伐活动——链锯和伐木机器在黑暗中嗡嗡作响。有一次，因菲耶诺的人找到了那户盗伐木材的家庭，却不禁为他们的人身安全感到担忧。

这与北美红杉林中的护林员所面临的挑战十分相似。阿吉雷说："如果不能在盗伐地点当场抓获他们，就拿他们毫无办法。所以我们必须要在他们正在伐木的时候逮住他们。"但是，这难度很大：护林员需要坐船才能靠近特许地，而且在森林里手机没有信号。为了在伐木现场抓获盗伐者，护林员们需要制订一个周密的计划。

2018年3月,阿吉雷和因菲耶诺镇议会开始努力促成所需的合作关系,并准备好必要的文书,以便下次护林员听到林中的链锯声响起时能迅速采取行动。"我们像一个社区、一个团队一样工作。"阿吉雷解释道。他们提前安排马尔多纳多港的警察待命:整个马德雷德迪奥斯大区只有六名在职的"环境警察",却有数千英亩的茂密丛林需要巡逻。木材盗伐并不是困扰该地区的唯一一种环境犯罪:大片的亚马孙森林被乱砍滥伐,为煤、石油和天然气的非法开采以及古柯等毒品作物的种植打开了大门。

因菲耶诺社区还提出要求,即在警察接到电话后,要派一名电视台记者与之一同前往特许地。他们希望通过电视曝光激起民众的愤怒,从而压制当地的木材盗伐市场。

护林员随后在树上安装了声敏警报器,并学会了使用GPS设备来精确定位盗伐地点。警报器被隐藏在整片森林的许多棵龙凤檀的枝叶之间,"刚好高过盗伐者的头顶"。每当链锯启动,警报器就会向护林员报警,护林员便立即通知位于因菲耶诺的阿吉雷,紧接着他就会通知环境警察和电视台记者,希望他们能及时赶到盗伐地点,拍摄树木被伐倒的实时画面,阻止盗伐行为。

2018年春日的一天,当链锯的声音划破夜空时,团队已经准备就绪。接到护林员的短信后,阿吉雷登上船,顺流而下,来到护林员的前哨基地,警察和记者在那里与他会合。接着,团队渡过湖面，屏声敛息，不露声色地登上岸，深入森林追踪盗伐者。

这是一群手脚麻利的盗伐者：他们已经把木材运到了一个在森林中临时搭建的工厂里。警察在那里将他们抓获，并指控他们非法伐木。此案也成为马尔多纳多港法院系统中引发高度关注的戏剧性事件。

在突袭行动的两个月后，我和阿吉雷又再次前往特许地，并在锯木厂做了最后的停留。工厂还在，林间空地上散落着废弃的链条和锯子，还能看到伐木工人留下的生活痕迹：桌子上有一件破旧的T恤，一盒肥皂，一只空锡罐。

阿吉雷担心，擅自占地者仍在向马尔多纳多港的工厂出售盗伐的木材。与此同时，遗弃在林中的那些加工过的木材被允许就地分解，重回地底。阿斯加人的任务之一是尽可能保持森林的完整性。护林员经常来这里勘察，以确保那些木材仍然留在原地。

———

擅自占地者在因菲耶诺土地上搭建的营房令人头晕目眩：它们看上去和我在不列颠哥伦比亚省纳奈莫市跟随自然资源官卢克·克拉克调查时看到的帐篷社区如出一辙。在加拿大发生的一切也同样在秘鲁上演：负担不起住所、走投无路的人不得不在这里安家。他们既被鄙夷，也被需要。在这两片森林里，当地人都被强大的经济浪潮所裹挟。他们之所以选择伐木，或是出于人脉关系，或是因为他们做不了其他工作。为了勉强度日，他们只能在受保护的土地上将一棵棵树伐倒。

第 19 章　穿越美洲

我们重走盗伐者小径的一天在漫山云雾中结束。我和阿吉雷爬上了陡峭的石阶,来到了位于森林深处的亚马孙山庄小屋,这是错综复杂的丛林中的一片净土。我们坐在这家旅馆一尘不染的餐厅里,喝着新鲜的果汁,微风吹拂着身边纤薄如纸的窗帘。这一景区由因菲耶诺的阿斯加人所有,它依靠太阳能发电,设有一个建在树冠上、高耸入云的木制瞭望台,在那里你可以俯瞰这片在微风中摇曳的广袤森林,犹如一块绿色的地毯。这就是阿吉雷对阿斯加人土地的愿景:他想把这片土地的美丽展现出来,让人们多来此地观光;他想向人们展示世界上最艳丽多彩的鸟儿在河岸边飞翔,在被冲蚀的海岸上休憩;他想为游客指出蛇和蜘蛛会在哪里出没,然后笑着看他们受到惊吓的反应。

最后,阿吉雷说:"因菲耶诺发展得越来越好了。我们保护环境的同时,也发展旅游业。我们把自己的文化寄托在这一切当中。"

第 20 章　信仰树木

> 森林是我们的药房，我们的市场。
>
> ——何塞·朱曼加（Jose Jumanga）

乌卡亚利（Ucayali）省是秘鲁最活跃的木材产区。省内的河港城市普卡尔帕（Pucallpa）正源源不断地向全球各地的制造商输送世界上最高大的树木。乌卡亚利河沿岸是一个熙熙攘攘的市场，出售水果、活体动物和家居用品。岸边一排排船只向空中喷出黑色的废气。在城市外围，一些小的聚居点和村庄也沿着乌卡亚利河分布，这条河是连接亚马孙和外部世界的交通纽带。

普卡尔帕周围约有 300 个原住民社区，它们星星点点地散落在乌卡亚利河岸边，并向内陆延伸至亚马孙盆地深处。但原住民只对乌卡亚利 25% 的土地拥有自主管理权，秘鲁政府已将其余的森林交给了私人伐木公司。乌卡亚利的森林社区面临着和因菲耶诺同样的问题：特许地森林被乱砍滥伐。通常情况下，盗伐者在远离社区中心的地方砍伐树木、焚烧土地，为的是进行农业生产。

劳尔·巴斯克斯（Raul Vasquez）是亚马孙河上游保护协会的研究员，他在亚马孙森林社区待过一段时间，在原住民土地上担任林木监察员。许多伐木公司曾逼迫他辞职,他自己及其家人的生命都因这份工作而受到威胁。"有一天,一个人从车里下来威胁我妻子,"巴斯克斯在他的办公室对我说,"所以情况很复杂。"

巴斯克斯深知当地乱砍滥伐之严重。在林间巡逻时,他经常发现准备卖给出口商或制造商的被砍伐的大树和木块。他说,当地社区需要投入更多资金来管理自己的土地,使其免遭无良企业贪婪的侵害。他预测,大部分资金将用于简单的技术解决方案,如购置无人机和 GPS 设备。

———————

从普卡尔帕出发的水上出租车为城市输送人员和货物的同时,还带来了一种源自雨林本身的财富。埃尔纳兰哈尔(El Naranjal)社区的主席何塞·朱曼加说:"我们信仰树木。因为庇护我们的不是树木,而是树木内蕴藏的生命,这是森林的灵魂。而我们守护森林,其实是为了保护一直以来庇护人类的生命。"

埃尔纳兰哈尔社区自 20 世纪 90 年代开始追踪木材盗伐事件,木材盗伐是该地区移民人数增加引发的连锁反应。秘鲁北部地区发生经济危机后,移民到乌卡亚利省的人数激增,部分原因在于这里的土地是农耕种植的上乘之选。在埃尔纳兰哈尔社区之外,移民激增导致林地被伐空用于放牧和耕种。这里的农业种植不仅包括粮食作物和棕榈树,还包括古柯——人们修建起一条小型滑道,用于非法运送产自埃尔纳兰哈尔森林深处的古柯。

2000 年,埃尔纳兰哈尔社区拥有了一套 GPS 系统。(普卡尔帕周围约有 10% 的原住民社区获得了 GPS 设备，以监测他们所保护的土地。）社区还打算对其边界进行数码绘图，但 GPS 系统也揭示了哪片土地上的树木未经许可而被砍伐。据埃尔纳兰哈尔社区的护林员估计，自 20 世纪 90 年代以来，共有约 9,000 英亩的林地未经他们授权而被砍伐一空。一个与宗教运动有关的群体在森林里肆无忌惮地建立起一个独立社区，他们在四周张贴标志，欢迎人们到该教派非法占用的埃尔纳兰哈尔土地上参观。

埃尔纳兰哈尔社区只有两名护林员在特许保护地巡逻，而且是徒步进行。他们常常身陷危险境地，不仅要面对贩毒者，还要面对偷猎者——那些人从森林里抓走鹿和野猪，拿去黑市上售卖。在走访埃尔纳兰哈尔社区时，我看到郁郁葱葱的林地正在消逝——那里曾密布着龙凤檀（和其他铁木）、桃花心木与甜樟——取而代之的是大片开阔起伏的人工绿地。"森林是我们的药房，我们的市场，"朱曼加说，"我们从那里获取木材，但它们是用于（建造）房屋的，不是用来买卖的。随着森林被乱砍滥伐，所有的资源都在减少。"

那些生长在埃尔纳兰哈尔保护地的树木，最后往往会变成房屋的外墙。桃花心木被伐倒，用来制作染料。曾经的林地现在被用来放牛。站在村子里的最佳观景位置，朱曼加经常能听到链锯的声音，看到缕缕尘烟从森林中升起。

如果土地被伐空后树木没有被烧毁，盗伐的原木就会被运到普卡尔帕，伪造的文件已在那里准备好，木材一到就立刻发往国外。朱曼加与像巴斯克斯这样的木材调查员估计，如今从他们的土地上盗伐的树木，只有大约 40% 被运到了普卡尔帕，与 20 世纪 90 年代初相比数量明显减少，当时的数字接近 90%。然而，这种掠夺并没有停止，社区面临的挑战也没有改变：永远不可能当场抓住盗伐者，接近盗伐者并要求他们停止不法行为需要克服内心恐惧，而源源不断的市场需求所带来的高额回报让盗伐者甘愿冒险。

2018 年初，非营利组织秘鲁森林发展民族协会乌卡亚利分会向埃尔纳兰哈尔社区捐赠了一架无人侦察机，使他们能够追踪 150 万英亩保护地各个角落的伐木活动，有些地方异常偏远，护林员无法进入。当无人机从森林上空飞过，那些光秃秃的棕色地块便清晰展示出遭到盗伐的区域。

尽管无人机的航拍镜头提供了确凿的证据，但埃尔纳兰哈尔社区提交的盗伐调查报告却没有得到政府的重视。在我们整个下午的谈话中，虽然微风徐徐，何塞·朱曼加的语气却愈发急迫。"我们对此很担心。"他忧心忡忡地说道。

第 21 章　森林碳汇

> 森林意味着生命。
>
> ——乔斯·朱曼加

生长在埃尔纳兰哈尔和因菲耶诺保护地的森林，以及北美国家公园里的古树，正在经历多重国际性危机：一是环境危机，在有生之年，我们将失去世界上 20% 的物种；二是社会和经济危机，在过度开发的浪潮中，边缘群体只能勉强维持生计。木材盗伐正处于这些危机的交会点。

森林是我们应对气候变化最强有力的保护者之一。森林的持续破坏加剧了全球变暖，导致生物多样性锐减，造成物种灭绝。森林每年从大气中吸收的碳为全球人为碳排放量的三分之一，约为美国年碳排放量的 1.5 倍。但巨型树木（直径超过 21 英寸的树）在遏制气候变化方面具有显著优势：它们的根系、树皮和树冠发育完全，相比仍在发育的新生树木，能够储存更多的碳。2018 年的一项研究发现，世界上直径最宽的那些树所储存的碳约占全球森林总碳储量的一半。因此，砍伐老龄林会使地球失去由古树捕获并无限期储存的碳汇。由此导致的碳失衡因工业碳排放而进一步加剧,最终对环境造成了双重打击。

北美红杉古树、北美乔柏和花旗松具有强大的碳汇能力,扎根于温哥华岛西海岸的森林拥有世界上最高的碳储量。在碳存储中,不仅树冠起着关键作用,树木周围的土地也极为重要。林务局的研究表明,树木和枝条的分解是养分循环和森林储碳的必要因素。与此同时,古树在恶劣环境下能起到缓冲作用:它们能更好地抵御火灾,其湿润、密集的生态系统具有降温作用,避免周围树丛因高温而缺水。

但若说北美或欧洲的树木与赤道附近的热带雨林在调节气候方面的重要性完全等同,那就太愚迷不悟了。热带雨林是全球抵御气候变化的主要屏障之一。亚马孙地区有超过 16,000 种树木,是北美地区的 16 倍,而且新的树种还在不断被发现。这些树木每年吸收 1.2 亿吨碳,为濒危野生动植物提供不可或缺的栖息地,并为供养数百万人的粮食生产系统做出贡献。

在这些森林发生的故事中,我们能够看到几百年前北美地区遭受的欧洲殖民掠夺与开发的影子。如今,很多企业仍在亚马孙地区肆无忌惮地砍伐树木——据说,每分钟的砍伐面积相当于一个足球场。与太平洋西北地区一样,亚马孙当地完全依赖过度采伐森林来创造经济机会。整个社区都因木材交易带来的利益与风险而动荡飘摇,包括原住民部落在内,他们不断地受到威胁,流离失所,有时甚至为了自由进出自己的土地而惨遭杀害。但在报纸报道中,巴西前总统雅伊尔·博索纳罗(Jair Bolsonaro,自称"链锯上尉")断然回绝了环保组织的抗议:"这片土地是我们的,不是你们的。"总统路易斯·伊纳西奥·卢拉·达席尔瓦（Luiz Inácio Lula da Silva）则表现出强烈的反殖民主义情绪："我不希望任何外国佬对我们指手画脚，我们不可能眼睁睁地看着亚马孙当地居民在树下活活饿死。"

到 2021 年夏天，亚马孙雨林已经伤痕累累，以致这里的碳排放量开始超过其储存量。雨林生长在广阔的泥炭地上，这些泥炭地因农业用地改造而屡遭破坏，几千年来累积的二氧化碳被释放到大气中。目前，印度尼西亚泥炭地释放的二氧化碳比整个加州的排碳量还多。在南美洲，环保组织已经通过卫星数据证实了他们最担心的事情：伐木活动如今已经渗透到亚马孙盆地"未被触及的核心"，深入巴西腹地，直达原住民保护地。

从理论上来讲，温度上升会加速树木的新陈代谢，从而加快其碳吸收的速率。但科学家们发现，气温升高也会导致树木的呼吸作用增强——也就是释放碳的速度超过它们在光合作用中吸收碳的速度。如果温度太高，树木就会在分子层面上受到损伤。气候变化也使森林地表变得干燥易燃，森林环境日渐升温，导致森林火灾（由人为因素或闪电引发）比过去扩散得更远、更快，也就更难控制和扑灭。气候变化产生的直接后果是古树生存面临严重威胁：海岸北美红杉为了生存下去，不得不更加频繁地长出树瘤。

气候变化也阻碍了花旗松等树木的生长。在极端温度下，树木会停止生长，停止固碳。"如果树木不能储存碳，我们就得思考这样一个问题：应该如何做出调整？" 2021 年夏天，在一股热浪席卷美国西部后，林务局的遗传学家和分子生物学家里奇·克罗恩说道,"现状迫使我们重新做出调整。"

为了应对气候变化,森林专家正在开展公开辩论,试图做出植物学界的"霍布森选择"*:到底哪些树种、哪些生态系统值得拯救?

———————

一旦链锯开始在保护地的森林里嗡嗡作响,因菲耶诺就会立刻收到警报,如今这种方法已在南美洲和亚洲推广开来,被很多雨林社区采用,以防森林遭受盗伐。

近年来,也有其他新技术陆续开发出来,这通常由雨林保护联盟等非政府组织资助完成。(这些技术有时甚至是由木材公司和棕榈油公司资助开发的,因为它们想要确保供应商的采购信息精准无误。)例如,改进后的雷达技术让我们更易透过浓密的云层捕捉雨林树冠的图像,再搭配升级后的卫星成像技术,我们就能对雨林进行更加持续连贯的监测,释放更多的预警信号。图像分辨率的提高使单棵树木的定向观察成为可能,让那些在森林中拥有标志性参天古树的小型社区重新获得了对土地的控制权。

2019年秋天,在亚什兰的法医实验室,我和卡迪·兰开斯特坐在一台看起来像是大型扫描仪的机器前。实验室已经开始尝试通过荧光现象进行木材鉴定。在日光下,很多树木的树皮和木材几乎看不出区别,但在特定波长的光线照射下,某些种类的木材将

---

* 指并无选择余地的所谓"选择"。

发出醒目的荧光。在黑光灯*下，不同种类的树木会显现出各自独特的荧光图案，如同人类的指纹。当用显微镜查看时，荧光熠熠闪耀，仿佛蚀刻于树皮纵裂的突起和年轮，在整个树干的截面上环转流动。有的时候会出现一种渐变效果，这反映出木材结构的变化。

兰开斯特在黑光灯下检测一块刺槐木的横截面：样本外缘仍然保留着树皮，一部分已经被斧头砍坏。刹那间，木材的天然荧光涌现出来，明亮的黄色和绿色线条沿着年轮和树皮裂痕交相缠绕。随着兰开斯特将其放大，又有新的颜色从木头的孔隙中冒出来，细小的点和线呈现在这块木质画布上。荧光鉴定堪称一种艺术形式，展现出隐藏在我们身边的惊人之美。（从事这一工作的兰开斯特将她最喜欢的木材荧光图案制成了明信片。）

与此同时，埃德·埃斯皮诺萨也一直在思考如何将树木与美学结合起来。他在油管上看到，有人把一块北美红杉横截面的薄片当作黑胶唱片，放在唱片机上"播放"（把年轮当作黑胶唱片上的音槽）。此后他便开始潜心研究树木声音的传达。但他认为视频里所展示的方法并不正确：一棵树真的是靠年轮来发声的吗？

自此，埃斯皮诺萨离最终听到树木之音又迈进了一步。南俄勒冈大学的数字艺术教授戴维·比瑟尔（David Bithell）向他提出了一个有趣的建议：如果埃斯皮诺萨愿意分享从一棵被盗伐的树上收集的数据，比瑟尔教授的学生就可以将其输入电脑，生成电子音乐。

---

* 一种特制的气体放电灯，发出波长为 330~400 纳米的紫外光，人眼对此不敏感。

在一个秋高气爽的晚上,埃斯皮诺萨和兰开斯特到比瑟尔教授的音乐课堂做客。课上,他们从法医实验室提交的若干物种文件中挖掘数据。通过学生的软件解析,这些数据化作一种低沉、颤动的声音组合,音节不断重复,令人沉醉欲眠,每棵树都发出了自己独有的振动频率。埃斯皮诺萨靠在一张折叠椅上,双手交叉放在脑后,静静聆听,感觉这些树好像重新活了过来。

————

尽管在技术层面已经取得了很大的进步,护林员的巡逻依旧是遏制木材盗伐的主要手段。该系统是北美自然保护的优秀传统,已在全世界得到推广。鉴于盗伐已经成为油水丰厚的全球贸易,一个军事风格的护林员系统也就此诞生:盗伐者如今要面对的,是日益增多的武装护林员、无处不在的当地线人和频繁巡逻的保护区域。在保护濒危物种的巨大压力下,从保护泰国交趾黄檀的武装警卫,到监测犀牛和大象仅存野外种群的护林员,非洲和亚洲的保护区已经条件反射式地采用了这种"堡垒式"保护模式。

爱尔兰的环保主义者罗里·杨(Rory Young)在 2014 年完成了他的代表作《反偷猎活动实地手册》(*Field Manual For Anti-Poaching Activities*),这是世界上唯一一本供护林员在实地工作时使用的手册。他宣称,盗伐是一种复杂的犯罪,"必须在相应的文化背景中去理解"。无论是砍伐北美红杉以获取树瘤,还是屠杀大象来获得象牙,杨都恳请手册阅读者试着去了解盗伐者身处的社区,这是阻止其继续犯罪的方法。他写道,预防犯罪意味着"解决导致盗伐行为的社会经济因素"。

值得注意的是，杨借用了英国古老的森林故事来阐明自己的观点。他提到，诺丁汉郡长的致命错误，是任由罗宾汉的故事深入人心。"罗宾汉最大的财富是民众的支持。"尽管郡长和他的法警拥有权力，罗宾汉和他率领的绿林好汉却总能取得节节胜利。"这是人们一次又一次犯下的典型错误，"杨指出，"不管派出多少装备精良的战斗力，如果他们不能抓到盗伐者，那就只是在浪费时间、精力和金钱。"

杨并不赞同"新技术可以解决盗伐问题"的论调。他指出，在森林中徒步追踪盗伐者可以和遥感设备一样有效，没有任何"神奇武器"能让盗伐活动完全消失。相反，罗里·杨认为，最有可能阻止盗伐的方法，是对该地区进行深入了解："了解你的敌人！"

———

在加州的奥里克小镇，护林员兼任警察的做法已经激起了极大不满。鉴于西方自然保护系统的构成——自然界中大片的土地无人居住，人与自然相分离——森林中缺少的是来自当地的护林员，他们的劝说有可能让盗伐者住手，而最不缺的就是警察。"花生车队"的司机史蒂夫·弗里克说，如果公园里"没有那些拿枪的人"，镇上的许多问题都可以得到缓解。

那些"法外狂徒"大肆宣扬公园管理局对奥里克的统治缺乏公平正义，以及他们是如何感到被监视、被评判、被攻击的。"他们总是骚扰居民，动不动就让人靠边停车。"谢里什·古菲站在特里·库克家的前院里说道。

"他们只是想栽赃给我。"库克补充说。

这些言谈在很大程度上可以视为被指控者意料之中的愤怒情绪的体现。然而，有些愤怒确实是基于合理的批判——不管护林员是否有正当的理由，他们在开始调查时常常会将重点放在那些有前科的人身上。但糟糕的是，这种愤怒情绪会迅速升级"他们不希望我成为他们的敌人，"库克说，"（那样的话）一棵树也不会留给他们……我在那边有一把锯子，能把他们的树全都砍光。"

第 22 章　悬而未决

> 但我也要补充一点：好几年前我就退休不干了。
>
> ——德里克·休斯

"法外狂徒"之间的友情脆弱得不堪一击。这是一个小圈子，一个充斥着怀疑与偏执的圈子，而忠诚是任何一段关系的终极目标。这种情绪化的微妙关系，起因在于公园管理局的做法：嫌疑人只要提供线索，公园便可对其较轻的罪行撤销起诉。盟友关系往往会因此破裂，大家相互肆意谩骂。我曾听说克里斯·古菲和特里·库克住在一起，但在我登门拜访时，二人已经交恶。

我最后一次与古菲通电话时，能够听出他情绪激动地在地板上踱来踱去。当时，他已在怀俄明州的石油钻井平台上工作了一段时间，但在我们交谈那会儿，他仍是无家可归的状态。"当然，我们所有人仍会继续工作，我们干活是为了赚钱，不是为了得到施舍或者别的什么。"那天下午，他在加州沿海城镇特立尼达的一所房子里说道："但每当我们出门想要赚点钱补贴家用的时候，总会莫名其妙地受到处罚，比如被扔进监狱之类的。"古菲觉得自己是公园里发生的任何类型犯罪的替罪羊。他怀疑很多人在被护林员拦下时,都会主动供出他的信息。"如果你供出克里斯·古菲,护林员就会放你一马。"自那次通话以后,我与古菲的联系一直时断时续,从2020年秋天开始,我就再也没收到过他的消息。而在他缺席了一次与木材盗伐相关的案件的开庭后,司法机关在2021年7月对他发出了逮捕令。

克里斯的父亲约翰·古菲最终卖掉了他在奥里克的房子,南迁到麦金利维尔。在克里斯与公园的纠纷中,约翰一直支持儿子。这对父子颇有一些相似之处,他们都对公园管理局的做法咬牙切齿,也因缺乏工作机会而失望沮丧。约翰声称奥里克现在是一个"只适合瘾君子"的小镇。他说,这样反而更好,印证了奥里克当地许多人散播的一个阴谋论:这座小镇最终会被搬空,之后公园管理局就能对其全权接管。

尽管德里克·休斯以前与丹尼·加西亚关系紧密,但如今两人似乎已经断绝来往。休斯说:"我从来没有像他那样砍活树,他做的事我都没干过……要我说,那些指控都是胡说八道。"他坚称自己只砍伐枯倒木。库克和古菲也都竭力与加西亚的案件划清界限。库克站在他的院子里说:"他太极端了,居然把那棵该死的树给砍了。"

"确实,那么做是不行的,"谢里什补充说,"他的所作所为令我们特别恼火。"

加西亚一直在努力改变自己的生活。在这方面,他得到了当地牧场主罗恩·巴洛的支持。在他的帮助下,加西亚完成了规定时长的社区服务,并尝试重新回归传统的劳动力市场。巴洛说:"有时候，当你看到了某个人身上存在的问题，你就会想，我们必须要帮他解决。"如今，加西亚在尤里卡及其周边地区的锯木厂工作。他在那里租了一套两居室的房子，和女友以及他们的女儿住在一起。

"她更支持环境保护，"谈及伴侣，加西亚说道，"我想，以后我也会和她一样。但这么多年来，因为对公园怀恨在心，我最终沦落成现在这副烂样子。"他说自己不会再去奥里克，自从2014年5月被定罪后，他就被禁止进入森林公园。然而，聊到案件时，他仍然愤愤不平：他认为拉里·莫罗得到的判决不应比他轻，公园护林员就是冲着他来的。在我们的谈话中，加西亚分享了女友讲给他的一些事情。"她说如果我早出生一代，我所做的这一切就都能被人接受。"

德里克·休斯则为他的审判结果等了三年——从2018年到2021年，庭审日期一次又一次地推迟。在那段时间里，他的生活一直动荡不安，他一边打零工（比如修剪草坪等），一边照顾母亲林恩·内茨。"我妈妈被（公园）开除了，我心里特别过意不去，因为她热爱这份工作，"他说，"她是因为我才丢了工作。"他希望能尽快离开奥里克。

随着休斯案调查的深入，RNSP护林员布兰登·佩罗在隐世海滩上安装了朝向森林的隐藏摄像头。在海滩上，你很容易就能看到盗伐来的木头，它们被劈成木块。大量的原木和腐烂的浮木在海滩上堆得高高的，在阳光的照射下颜色明显不同，看起来像是连绵起伏的木头山丘。通过摄像头捕捉到的画面，佩罗看到有当地人在夜间开着卡车来到这里，砍伐木柴并将其运走，但他看不清这些人是谁。

在休斯案陷入悬而未决的僵局之时，佩罗调到了美国林务局工作，但洪堡仍然是他的行动基地。"关于未来会发生什么，我不知道他有怎样的想法。"在启程接手新任务之前，谈及休斯，佩罗如是说。

2021年8月的一天，在洪堡县高级法院内，德里克·休斯和他的律师站在法官面前。近三年的时间里，休斯一直坚持说自己是无辜的，他声称有很多人与他的身高相仿，可能他们也开着一辆与2018年在梅溪附近拍到的相似的卡车。他认为，公园管理局对他的指控站不住脚。他说："他们手里有的只是一张模糊不清的照片，上面那个人只是轮廓有点像我。"由于案件不断地延期审理，在对法院最初指派的代理律师感到失望后，休斯总共换了四名公设辩护人。

但就在一个月前，休斯改变了主意，他与检察官达成了认罪协议。在对故意破坏公物的重罪认罪后，对他的大部分指控被撤销。他一度希望法官会同意将他的罪名降为轻罪，因为休斯想要保留他的四支枪，而重罪判决会剥夺他的枪支所有权。

在同年8月的缓刑听证会上，休斯表示他被继父拉里·内茨"陷害"，而后者最近刚搬出林恩家。然而，在量刑审判期间，法官明确表示，休斯对自己受到的指控无动于衷。"我没看出他对自己的所作所为有任何悔过之意，他也没有承认自己做错了。"法官当庭说道。他曾希望休斯主动向 RNSP 归还赃物，表明他已经认识到犯罪带来的后果不仅仅是金钱上的损失。"我没有看出他有此想法，"法官说，"我看到的只是他因不能持枪而忧心忡忡。"

公园管理局的检察官曾建议法院对休斯判处最高刑罚，包括 10,000 美元的罚款和全面禁止进入公园的限制令。但法院认为休斯不太可能成为惯犯。另外，他的母亲和妹妹已于最近被确诊癌症。休斯辩称，他不应该被禁止进入公园，尤其是他还需要开车穿过那里的公路接送家人去看病。最终，他被判缓刑两年，社区服务 400 小时，罚款 1,200 美元，仅能穿越公园，不得进入公园其他区域。

德里克·休斯站在法官对面，准备接受这一判决。此时，在他右侧的墙上，悬挂着由北美红杉木雕刻而成的加州官方州徽。

后记

在我完成这本书时,森林战争已过去了30年,但这场战争的余音仍然在不列颠哥伦比亚省的土地上挥之不去。2021年7月至8月,环保主义者们聚集在温哥华岛一个叫仙女溪(Fairy Creek)的地方,此前省政府将这里的一片老龄林批给蒂尔·琼斯木业集团用于木材采伐。在多雨的密林深处,抗议者们爬到树上,在树冠上搭建平台,在树杈上挂起横幅,在伐木机器前长卧不起。抗议活动的规模很快打破了1993年克莱奥科特湾创造的纪录:在五个月的时间里,有超过1,000人在现场被逮捕。

我在本省内陆的家中密切关注着仙女溪封锁事件的新闻报道。我生活在伐木之乡,2019年我们镇附近的锯木厂倒闭了,引发当地约200人失业。社区委员会如今的任务是促进多元化的经济发展,而在此之前,镇上的经济一直都保持着繁荣稳定。

在我家大门外,走过一条狭窄的小路,再穿过一道更为逼仄的土路后,就能看到一小片由花旗松、铁杉和北美乔柏组成的森林,矗立在北汤普森河岸边。韦尔斯格雷社区森林公司于2004年该地区伐木业衰败之时种下了这片森林,并负责管理至今。如今,该社区森林环绕着克利尔沃特（Clearwater）小镇，具有多种用途，其中也包括伐木。从我家周围森林中采伐木材所获得的利润，通常会捐赠给当地的慈善机构和团体。该公司促进了本地就业，也推动了当地文化的发展。

像韦尔斯格雷这样的社区森林正逐渐在不列颠哥伦比亚全省推广，这是树木能够得到可持续利用的一个小小的证明。事实上，该省第一批社区森林确立于1998年，森林战争结束后不久。不列颠哥伦比亚省社区森林协会2021年发布的一份报告指出，社区森林创造的就业机会是企业独自经营的森林所提供机会的两倍之多。而且，不列颠哥伦比亚省有一半社区森林由原住民社区管理，或是与他们协同管理。

目前，共有59片社区森林遍布全省，其中大多数是由人口不足3,000的自治行政单位运营，这些居民自行管理木材等森林产品，以长期租赁的形式使用省政府的土地。2021年，该省有1,500多人靠社区森林获得了一定收入——不仅是伐木行业，还包括消防、小径修建和科学研究。

森林管理实践如何更好地为森林社区本身谋福祉呢？就这一难题，社区森林为我们提供了解决方案。至少，这样的森林有助于避免奥里克镇爆发的那种愤怒情绪。最近，拯救北美红杉联盟与北美红杉国家及州立公园签署了一份协议，允许在园区内有限制地砍伐树木，并将其纳入一个名为"崛起的北美红杉"的公园修复项目。看着重型设备在公园的土地上清理灌木，同时一些树木也被链锯砍伐或修剪，许多奥里克居民深感愤怒且大为不解。

"他们说我们是坏蛋,就因为我们拿走了那些死了的东西,"德里克·休斯说,"我以为这都是为了拯救北美红杉。"

"他们制定了规则,自己却不遵守,"他补充道,"这说明了什么呢?"

自主管理社区森林的做法并非不列颠哥伦比亚省所独有,我在秘鲁参观的特许保护地也都由当地人管理。墨西哥的一些社区森林非常成功,专家们建议将其作为模板进行全球推广。值得注意的是,社区森林已经缓解了数千个森林地区的贫困问题。

正如我们在阳光海岸社区森林里看到的那样,盗伐仍在发生。但是,如果盗伐者知道他们砍的是邻居的树,而不是某个不知名的公园管理部门的树,那么促成盗伐的因素可能就会减少。若是再配有因菲耶诺森林里那样的来自当地的护林员,盗伐者就更不大可能下手了。对一些人而言,社区森林甚至可以加强社区内部的联系——休斯说,如果他认识那个让他靠边停车的人,他在镇上的生活也许就没那么紧张,会更轻松容易些。

这衍生出一种新的保护方法,护林员们需要放下手中的枪。在全球范围内,森林治理专家已开始倡议这一新型保护政策——让社区自主管理周边的森林,即使这意味着有人会偷偷砍伐树木。而那些只提出保护项目的设想,却不将人类对木材的使用需求考虑在内的人遭到强烈的反对。2020年,一个由100名经济学家和科学家组成的团队发布了一份报告,恳请各国政府在2030年前对全球30%的土地和水源予以保护。但他们的保护模式是封闭堡垒式的,完全不考虑人的需求,他们计划通过旅游业来填补资源开采的经济缺口。作为回应，世界各地的环保研究人员和社会科学家主动提出了自己的批评意见。"在我们看来，这篇报告就像是一份新型殖民主义模式的提案。"一名评论者怒斥道。

一味阻止人类的开发利用，从来都不是保护自然的有效方法——早在13世纪提出的《森林宪章》认同这一观点，便考虑到了这一点，这有助于解决几百年后人们仍然关切的问题。然而，如今的结果却是留下了一代又一代的创伤。"我丈夫从未从创伤中恢复过来，"1994年在克林顿总统参加的波特兰木材峰会上，娜丁·贝利在宣读一份声明时这样说道，"他努力做出了很多尝试，但再也不是以前的那个自己了，整个人像丢了魂一般。对乡村社区的一切承诺化为了泡影，这才真正令人心灰意冷。"

归根结底，树木保护是一个关于"归属"的问题：你来自哪里？你了解这片森林吗？"其实说到底，"德里克·休斯说，"所有这些土地都属于尤罗克人。"

致谢

  这本书离不开那些慷慨向我讲述他们生活的人，尤其是加州奥里克小镇的居民。感谢丹尼·加西亚、德里克·休斯、林恩·内茨、特里·库克、谢里什·古菲、克里斯·古菲和约翰·古菲，正是因为他们的坦诚，这本书才得以诞生。一次又一次，他们袒露过去，直面那些隐私的问题，毫无保留地帮我串联起一个细腻而完整的故事。

  护林员主管斯蒂芬·特洛伊、布兰登·佩罗、劳拉·丹妮、特别调查员史蒂夫·余，以及北美红杉国家及州立公园护林团队的其他成员带领我参观了他们的工作场地，细致耐心地回答了许多相关问题。国家公园管理局和内政部非常及时地向我提供了追溯书中故事所需的文件。美国俄勒冈州林务局的安迪·科列尔（Andy Coriel）和菲尔·赫夫也向我提供了宝贵的资料。在不列颠哥伦比亚省，卢克·克拉克和丹尼丝·布利德（Denise Blid）允许我和他们一起巡逻，对于我的问题都耐心地一一解答。我有幸亲赴俄勒冈州的美国鱼类及野生动植物管理局法医实验室进行实地访问，在此由衷感谢埃德·埃斯皮诺萨、肯·戈达德和卡迪·兰开斯特的引导，让我了解了他们的研究过程。还要感谢里奇·克罗恩，感谢他分享了有关树木DNA这一神奇领域的专业知识。

在我对前路迟疑不定的时候，斯图尔特·克里切夫斯基代理公司的麦肯齐·布雷迪·沃森（Mackenzie Brady Watson）充分信任我，也始终相信这个故事能够展现在世人面前。同样来自该公司的阿米莉亚·菲利普斯（Aemilia Phillips）也给予我支持，并提出宝贵建议。在此感谢她们二人。勒琴斯与鲁宾斯坦代理公司的黛西·帕伦特（Daisy Parente）在英国为我的书进行了宣传，我会永远为这本书出现在大洋彼岸的书架上心怀感恩。

利特尔布朗出版社的特蕾西·贝阿尔（Tracy Behar）和伊恩·斯特劳斯（Ian Straus）以及灰石出版社的珍妮弗·克罗尔（Jennifer Croll），对我的文稿进行了精细严谨的编辑，并在这本书徘徊歧路时帮它在森林中找到了方向。也感谢霍德斯托顿出版社的休·阿姆斯特朗（Huw Armstrong），感谢他与英国读者分享了这本书，并注意到此书与英格兰森林之间的联系。感谢艾伦·法洛（Allan Fallow）的精心审校，让书稿质量得到显著提升。真挚感谢利特尔布朗出版社、灰石出版社和霍德斯托顿出版社的市场营销团队，是他们帮助这本书找到了属于它的读者。

诚挚感谢杰弗里·沃德（Jeffrey Ward）绘制出精妙的地图，能将我的文字与他的作品放在一起是我莫大的荣幸。感谢纽约公共图书馆允许我使用这一地图文件。还要感谢詹·莫尼耶（Jen Monnier）对书中提及的基本事实进行了严格核查。感谢卡西迪·马丁（Cassidy Martin），他是一位优秀的研究助理和转录员，如今他对木材盗伐的了解一点不比我少。

新冠疫情使我无法按原计划在整个太平洋西北地区进行广泛考察。我由衷感谢那段在洪堡县街道上度过的时光。在创作这本书时，我给洪堡县的居民打了很多电话，发送了很多短信，很多人接受了我的采访，我对此感激不尽。洪堡县历史学会让我有机会接触到他们图片丰富的档案馆和研究场所，包括克拉克历史博物馆等；通过有趣的交谈，我领略到许多独特的见解。社区禁毒工作者们让我感受到洪堡人的善良热情与宽容之心，我受益良多。洪堡县高级法院的特雷莎·亚诺夫斯基（Teresa Janowski）帮助我了解当地的司法系统，在我寻找文字记录和相关文件的过程中发挥了重要作用。这本书的点点滴滴汇聚成一股真挚坦率、热情慷慨的力量，指引着我的人生，我也希望这本书能够影响更多的人。

2018年，我在秘鲁的马德雷德迪奥斯省和乌卡亚利省进行实地调查，当地许多社区对我表示了热烈欢迎。感谢米尔顿·洛佩斯·塔拉博奇亚，我的报道因为有他而得以顺利进行；在河船和丛林徒步的旅行中，他是一个聪明而有趣的伙伴。感谢罗萨·巴卡（Rosa Baca）和马德雷德迪奥斯河及支流原住民联合会、鲁赫勒·阿吉雷和因菲耶诺社区、贝尔吉卡社区、埃尔纳兰哈尔社区同我分享知识与经验，并允许我在他们的土地上扎寨安营。也感谢环境调查组织的朱莉娅·乌鲁纳加（Julia Urrunaga）及亚马孙河上游保护协会的劳尔·巴斯克斯，感谢他们冒着极大的风险，勇敢地调查亚马孙河流域的木材盗伐问题。

有关北美自然保护历史的研究和著作对于此书的创作具有举足轻重的影响。虽然参考书目中已将相关文献列出，但我仍要特别感谢卡尔·雅各比（Karl Jacoby）博士、埃里克·卢米斯（Erik Loomis）博士和多尔塞塔·泰勒（Dorceta Taylor）博士，他们的文字赋予我慰藉、鼓舞与启发。感谢弗吉尼亚（Virginia），谢谢她的日记。也非常感谢阿梅莉亚·弗赖伊对部分历史档案的口述，这些档案保存在加州大学伯克利分校的班克罗夫特图书馆。感谢汤普森河大学图书馆的管理员们，他们都是馆际互借的高手。

书中的部分内容取自我在杂志和网络期刊上发表的文章，全部由优秀的编辑进行了校对审核。在此感谢米歇尔·奈豪斯（Michelle Nijhuis）、雷切尔·格罗斯（Rachel Gross）和布赖恩·霍华德（Brian Howard）。本书涉及的研究和报道得到了美国国家地理学会、环境记者协会的环境新闻基金、加拿大艺术委员会和阿尔伯塔艺术基金会的资助。

通过参加班夫中心山野写作研习班和布雷德洛夫环境作家会议等活动，此书的内容得到了极大的充实。非常感谢我的导师约翰·埃尔德（John Elder）、马尼·杰克逊（Marni Jackson）和托尼·惠托姆（Tony Whittome）；也感谢参加活动的其他作家，他们以不同方式帮我提振信心，带给我写作的灵感。同样，我还要感谢杰西卡·J.李（Jessica J. Lee）和莎拉·斯图尔特·约翰逊（Sarah Stewart Johnson），在我为这本书初拟大纲时，他们慷慨地为我提供了范本并给予鼓励。

我很幸运能拥有这样一群明智聪慧、有创造力又细致严谨的良师益友，在我写作的整个过程中，他们中的许多人都为这本书提出了宝贵意见，包括艾莉森·德弗罗（Allison Devereaux）、玛格丽特·赫里曼(Margaret Herriman)、杰米·辛里奇斯(Jamie Hinrichs)、米歇尔·凯(Michelle Kay)、斯蒂芬·金伯(Stephen Kimber)、卡伦·品钦(Karen Pinchin)和桑迪·兰卡杜瓦(Sandi Rankaduwa)。我对他们的感激,千言万语亦难以尽意。

感谢我的家人:丹妮尔·布尔贡(Danielle Bourgon)、加雷思·辛普森(Gareth Simpson)、达里尔·布尔贡(Daryl Bourgon)、特里纳·罗贝热(Trina Roberge)、莉萨·惠泽(Lisa Huizing)和阿尔希·惠泽(Archie Huizing),以及我的祖父母里克·布尔贡(Rick Bourgon)和夏莱恩·布尔贡(Charlyne Bourgon)。感谢他们坚定不移地支持我,支持我的工作,尤其是当我为写作本书而去往陌生之地时,他们永远对我报以耐心与热情。我的工作之所以能够开展,得益于他们为我提供的机会;之所以能顺利进行,得益于西蒙·科库姆(Simon Corkum)对我的坚定支持。

我以詹姆斯·艾吉(James Agee)在《现在让我们来赞颂那些伟大的人》(Let Us Now Praise Famous People)一书中所写的这段文字为精神指引,完成了这本《偷树贼》。

当你潜心钻研某一领域,每迈进一步,敬畏增加一分。
当你沉浸其中不可自拔,则心力交瘁,心生羞愧之情。
终于,在灵魂深处,你愈发清醒,自知碌碌无能。既然如此,我只希望,这是学习的开始。

来因去果,皆是荣幸。

术语表

阿拉斯加铣床（Alaskan mill）：一种小型的便携式锯木机，且带有链锯，只需一名或两名工人就能操作，用于将原木加工成木料。

矮林作业（Coppice）：将树木砍至与地面齐平，以促进其生长，同时获取柴火和木材。

板皮（Slab）：从原木上锯下来的弧形边材。

板英尺（Board feet）：木材体积的计量单位。一板英尺等于一块长一英尺、宽一英尺、厚一英寸的木板的体积。

半腐层（Duff）：森林地表常常覆盖的叶子、小枝和枯木等。

采伐边界线（Cutline）：划定土地边界的一种方式，本质是通过伐木在森林里辟出一条笔直的界线。

采伐区（Cutblock）：一个有着严格规定的边界，且已被授权可以进行采伐的特定区域。

残值采伐林（Salvage site）：指因大部分的树木已经死亡或受到严重损伤，政府向公众出售的专门用于采伐的林地。

车削（Turning）：使用车床加工木头的过程。

次生林（Secondary forest）：原始森林被砍伐后，重新生长出来的森林。

钉树（Tree-spiking）：将大钉子钉入树干，目的是破坏试图砍伐这棵树的设备，或破坏由此获得的木材的质量，或两者兼而有之。

鹅笼（Goosepen）：挖空的树干，其内部空间足以容纳一个成年男子。

伐木楔子（Felling wedge）：一块厚厚的楔形塑料板，作用是防止直立的树木夹住链锯杆，通常会使树木朝着切口的方向倒下。

皆伐（Clear-cut）：将某一个森林区域内的所有树木伐倒并清空。

锯木厂（Mill）：将原木加工成木材的工厂。

考得（Cord）：木材体积单位，1考得是128立方英尺。

渴望路线（Desire Line）：森林中因反复踩踏而形成的非官方建造的小径。

枯倒木（Dead-and-down）：因自然原因死亡而倒下的树木。

枯立木（Snag）：因病虫害或采伐、营林作业受到损伤而枯死的立木。

林分（Stand）：内部特征大体一致，而与邻近地段有明显区别的一片树林。*

绿链（Green chain）：锯木厂内部使用的木材运输系统。"拉

---

* 文中依中文语境译作树丛。

绿链"是指收集锯木厂生产流水线上的最终产品，以人为控制的速度移动它们，并对其分级和分类。

木材巡视员（Timber cruiser）：专门勘察木材林，并估计其中可供销售的木材总量的工作人员。

鸟眼漩涡（Bird's eye:）：一种有别于木材常规的平滑纹理而颇具特色的图案，具有这种图案的木材售价高昂。

刨边机（Edger）：一种设备，其锯片可用来拉直和磨平粗糙的木材。

坯料（Blank）：能被加工成艺术品的木块。

V形切口（Notch）：在树上或倒下的原木上刻出的形状如英文字母V的切口。

心材（Heartwood）：树木靠近髓心部分的木材，有时也被称为木心（duramen）。

雄鹿营地（Stag camp）：临时的伐木工地，通常建在河边，有上下铺和露天厨房。

音乐木材（Music wood）：有时被称为音木（tonewood），是用来制作弦乐器的面板、背板、侧板、指板和琴桥的原材料。

原木拖索（Choker）：捆扎在一根或多根原木上的绳索，以便将其拖拽至平地进行装载。

注释

第1章　伐空林地

10 页　**10 亿美元**：该数据来自 2003 年美联社的一份报告，也是目前最新的估值，已被非法木材贸易的相关文献广泛引用。

10 页　**1 万亿美元**：该数据来自 20 世纪 90 年代林务局进行的一项研究。更新的研究结果尚未获得，因此林务局官员一直使用此数据。

第2章　生死博弈

15 页　**11 人**：记录显示，绝大多数盗伐者为男性（目前仍然如此），但这一天有女性参与。

15 页　**科斯森林**：也称作科斯草地。

18 页　**皇室护林官**：如今的英格兰仍然保存有三个配备皇室护林官的森林法庭，分别是迪安森林法庭、艾平森林法庭和新森林法庭。

18 页　**一名女装扮相的男子**：他戏称自己为"游街女士"（Lady Skimnuington）。

第3章　深入腹地

22页　**"要不是那些野味，早就饿殍遍野了"**：出自卡尔·雅各比的《破坏自然的罪行》（*Crimes Against Nature*）。

23页　**边疆传统**：就连环保主义者约翰·缪尔的父亲都从威斯康星州自家宅院周围的土地上盗伐木材，这件事情极具讽刺意味。

28页　**强大高效的机械设备**：尽管伐木的安全性已经有所提高，这仍然是世界上最危险的职业之一。在社会科学家路易斯·福特曼对伐木工人家庭的采访中，一名妇女说，她每天都感恩上帝，因为她的丈夫还健在。1976年，林业从业者的死亡人数超过了同一地区警察和消防人员的死亡人数。

30页　**优生主义者**：2021年6月，位于洪堡草原溪州立公园的麦迪逊·格兰特纪念碑被拆除。

第4章　月球之境

39页　**美国众议院国家公园和休闲小组委员会对北加州进行考察**：此次考察由科罗拉多州主席韦恩·阿斯皮诺尔（Wayne Aspinall）带队。他被赠予北美红杉木制成的法槌。

第5章　区域战争

48页　**再培训计划也不得不推迟**：一名削木工人对峰会的与会者说："我14岁时就从父辈那里学会了这门手艺。"

56页　**"树木拥抱者"**：值得一提的是，这个词起源于20世纪70年代印度"抱树运动"中的生态女权主义者的抗议活动。

第6章 红杉之路

71 页　**树瘤里长出的小苗**：也曾有过新生树苗被盗伐的案例，但没有书面文件表明曾有人因此受到指控。

第7章 盗伐人生

76 页　**1970 年，库克一家**：他们一家到奥里克的确切年份不详，特里和加西亚都说他们是在 1970 年搬来的。2019 年，库克告诉我他已经在奥里克住了 58 年，也就是说他们一家是 1961 年搬来的。但奥里克镇 1970 年以前的相关记录中并没有库克一家的信息。

78 页　**他父亲在 1980 年关闭了家里的公司**：约翰·古菲关闭公司的原因是，他不想继续在机器和技术升级上投入大量成本。

79 页　**"同我一起工作之前"**：加西亚不这么想，他认为自己主要是通过观察周围人学会的本领。

79 页　**直立的大树**：和古菲交谈过两次之后，我就联系不上他了。

81 页　**有传言说加西亚后来回到了奥里克**：两人在华盛顿州的逮捕令尚未解除。

第9章 神秘树林

93 页　**"50 年或者更久"**：当地的历史学家已经证实，树瘤盗伐的现象的确存在了这么久。

95 页　**女人的假发和墨镜**：古菲对此既不承认，也不否认。

98 页　**一家名为"神秘树林"的树瘤店**：该店老板对有关此案的采访请求未做出回应。

第10章　车削制木

105页　**全面取缔露营**：我没有找到能够表明那场会议确实开过的证据，但那场会议在当地广为流传。

第11章　劣等工作

107页　**贫困率为26%**：洪堡县的贫困率一直高于加州的平均水平。

第12章　猫鼠游戏

124页　**丹尼·加西亚的电话留言**：加西亚否认了会面和谈话内容，但官方文件却对此记录在案。

第13章　积木街区

131页　**加西亚起初带着休斯一起**：丹尼说他很了解休斯。"我的意思是，只要是能一起干的事，我们都会一起干。"

131页　**"把海滩给我们"**：加西亚对此表示赞同。

140页　**"真是受够了！"**：休斯确实在这起案件中被调查过，和之后发生的案件一样。

140页　**被辞退**：林恩·内茨表示，斯蒂芬·特洛伊告诉公园其他部门的两位负责人，不要再雇用她做季节性工作。

第14章　拼图碎片

144页　**海外市场**：卡马达记得他曾走进一间酒店的房间，在里面发现了1000多株多肉植物，有的储藏在冰箱里，有的散落在家具上。

145 页　**一串旧钥匙**：休斯后来对调查人员说，他从一个伙计那里得到了这把钥匙，但不记得那人是谁了。

149 页　**查尔斯·沃伊特**：他拒绝接受本书作者的采访。

第16章　火源之树

165 页　**肖恩·威廉斯**：外号"托尔"*，看起来也颇有几分托尔的模样：他高大魁梧，留着一头长长的金色卷发。

第17章　寻木追踪

173 页　**"克罗恩博士怎么看？"**：克罗恩博士的研究结果准确可靠。DNA 分析结果出现巧合的概率只有 10 的 36 次方分之一。

第18章　愿景所求

176 页　**科罗拉多州家里的厨房餐桌边**：在与我交谈后的第二年（2019 年），特里·格罗斯去世了。

第21章　森林碳汇

206 页　**爱尔兰环保主义者罗里·杨**：2021 年 4 月，杨与两名记者在布基纳法索（Burkina Faso）参加一个反盗伐组织的活动时，不幸遇害。

---

*　托尔（Thor），北欧神话中的雷电与力量之神。

第22章 悬而未决

212页 **"陷害"**:案件文档对这一点没有记录,但休斯坚持说,是拉里向护林员提供信息,出卖了他。

参考书目

序言　梅溪

Court filings, "People of the State of California v. Derek Alwin Hughes." Case no. CR1803044, accessed Dec. 2020.

Goff, Andrew. "Orick man arrested for burl poaching, meth." *Lost Coast Outpost* (Eureka, CA), May 17, 2018.

Pero, Branden. Interviews with the author, Sept. 2019 and Sept. 2021.

第1章　伐空林地

Alvarez, Mila. *Who owns Americas forests?* U.S. Endowment for Forestry and Communities.

"Arkansas man pleads guilty to stealing timber from Mark Twain National Forest." *Joplin (MO) Globe*, Apr. 21, 2021.

Atkins, David. "A 'Tree-fecta' with the Oldest, Biggest, Tallest Trees on Public Lands." United States Department of Agriculture Blog, Feb. 21, 2017. https://www.usda.gov/media/blog/2013/08/23/tree-fecta-oldest-biggest-tallest-trees-public-lands.

Benton, Ben. "White oak poaching on increase amid rising popularity of Tennessee, Kentucky spirits." *Chattanooga (TN) Times Free Press,* Apr. 4, 2021.

Carranco, Lynwood. "Logger Lingo in the Redwood Region." *American Speech* 31, no. 2 (May 1956).

Closson, Don. Interview with the author, Sept. 2013.

Convention on International Trade in Endangered Species of Wild Flora and Fauna. *The CITES species.* https://cites.org /eng/disc/species.php.

"800-year-old cedar taken from B.C. park." Canadian Press, May 18, 2012.

Frankel, Todd C. "The brown gold that falls from pine trees in North Carolina." *Washington Post,* Mar. 31, 2021.

Friday James B."Farm and Forestry Production and Marketing Profile for Koa *(Acacia koa),*"in *Specialty Crops for Pacific Islands,* Craig R. Elevitch, ed. Holualoa, HI: Permanent Agriculture Resources, 2010.

Golden, Hallie. " 'A problem in every national forest': Tree thieves were behind Washington wildfire." *Guardian* (London), Oct. 5, 2019.

Government of British Columbia. Forest and Range Practices Act. https://www.bclaws.gov.bc.ca/civix/document/id /complete/statreg/00_02069_ 01#section52.

International Bank for Reconstruction and Development/The World Bank. *Illegal Logging, Fishing, and Wildlife Trade: The Costs and How to Combat It.* Oct. 2019.

Kraker, Dan. "Spruce top thieves illegally cutting a Northwoods cash crop." *Marketplace,* Minnesota Public Radio, Dec. 23, 2020.

Neustaeter Sr., Dwayne. "The Forgotten Wedge." Stihl B-log. https://en.stihl.ca/the-forgotten-wedge.aspx.

North Carolina General Statutes. 14-79.1. *Larceny of pine needles or pine straw.* https://www.ncleg.net/EnactedLegislation/Statutes/HTML/BySection/Chapter_14/GS_14-79.1.html.

Pendleton, Michael R. "Taking the forest: The shared meaning of tree theft." *Society & Natural Resources* 11, no. 1 (1998).

Peterson, Jodi. "Northwest timber poaching increases." *High Country News* (Paonia, CO), June 8, 2018.

Ross, John. "Christmas Tree Theft." *RTE News,* aired Nov. 8, 1962. https://www.rte.ie/archives/exhibitions/922-christmas-tv-past/287748-christmas-tree-theft/.

Salter, Peter. "Old growth, quick money: Black walnut poachers active in Nebraska." Associated Press, Mar. 10, 2019.

Stueck, Wendy. "A centuries-old cedar killed for an illicit bounty amid 'a dying business.'" *Globe and Mail* (Toronto), July 3, 2012.

Sullivan, Olivia. "Bonsai burglary: Trees worth thousands stolen from Pacific Bonsai Museum in Federal Way." *Seattle Weekly,* Feb. 10, 2020.

"Three students cited in theft of rare tree in Wisconsin." Associated Press, Mar. 30, 2021.

Trick, Randy J. "Interdicting Timber Theft in a Safe Space: A Statutory Solution to the Traffic Stop Problem." *Seattle Journal of Environmental Law* 2, no. 1 (2012).

Troy Stephen. Interview with the author, Aug. 2018.

United States Department of Agriculture. *Who Owns America's Trees, Woods, and Forests? Results from the U.S. Forest Service 2011–2013 National Woodland Owner Survey.* NRS- INF-31-15. Northern Research Station, 2015.

United States Department of Agriculture, Forest Service, Southwestern Region. "Public Comments and Forest Service Response to the DEIS, Proposed Prescott National Forest Plan." Albuquerque, NM, 1987.

Van Pelt, Robert, et al. "Emergent crowns and light-use complementarity lead to global maximum biomass and leaf area in Sequoia sempervirens forests." *Forest Ecology and Management* 375 (2016).

Wallace, Scott. "Illegal loggers wage war on Indigenous people in Brazil." nationalgeographic.com, Jan. 21, 2016.

Wilderness Committee. "Poachers take ancient red cedar from Carmanah-Walbran Provincial Park." May 17, 2012. https://www.wildernesscommittee.org/news/poachers-take-ancient-red-cedar-carmanah-walbran-provincial-park.

Woodland Trust. "How trees fight climate change." https://www. woodlandtrust. org.uk/trees-woods-and-wildlife/british-trees /how-trees-fight-climate-change/.

World Wildlife Fund. "Stopping Illegal Logging." https://www.worldwildlife. org/initiatives/stopping-illegal-logging.

第2章 生死博弈

Bushaway, Bob. *By Rite: Custom, Ceremony and Community in England 1700–1880.* London: Junction Books, 1982.

Hart, Cyril. *The Verderers and Forest Laws of Dean.* Newton Abbot: David & Charles, 1971.

Hayes, Nick. *The Book of Trespass: Crossing the Lines That Divide Us.* London: Bloomsbury Publishing, 2020.

Jones, Graham. "Corse Lawn: A forest court roll of the early seventeenth century," in Flachenecker, H., et al., *Edition-swissenschaftliches Kolloquium 2017: Quelleneditionen zur Geschichte des Deutschen Ordens und anderer geistlicher Institutionen.* Nicolaus Copernicus University of Toruń, Poland, 2017.

Langton, Dr. John. "The Charter of the Forest of King Henry III." St. John's College Research Centre, University of Oxford. http://info.sjc.ox.ac.uk/forests/Carta.htm.

——."Forest vert: The holly and the ivy." *Landscape History* 43, no. 2 (2022).

Million, Alison. "The Forest Charter and the Scribe: Remembering a History of Disafforestation and of How Magna Carta Got Its Name." *Legal Information Management* 18 (2018).

Perlin, John. *A Forest Journey: The Story of Wood and Civilization.* Woodstock, VT: The Countryman Press, 1989.

Rothwell, Harry, ed. *English Historical Documents, Vol. 3, 1189–1327.* London: Eyre & Spottiswoode, 1975.

Rowberry, Ryan. "Forest Eyre Justices in the Reign of Henry III (1216–1272)." *William & Mary Bill of Rights Journal* 25, no. 2 (2016).

Standing, Guy. *Plunder of the Commons: A Manifesto for Sharing Public Wealth.* London: Pelican/Penguin Books, 2019.

Standing, J. "Management and silviculture in the Forest of Dean." Lecture, Institute of Chartered Foresters' Symposium on Silvicultural Systems, Session 4: "Learning from the Past." University of York, England, May 19, 1990.

St. Clair, Jeffrey. "The Politics of Timber Theft." *CounterPunch* (Petrolia, CA), June 13, 2008.

Tovey Bob, and Brian Tovey. *The Last English Poachers*. London: Simon & Schuster UK, 2015.

第3章 深入腹地

Akins, Damon B., and William J. Bauer, Jr. *We Are the Land: A History of Native California*. Oakland: University of California Press, 2021.

Andrews, Ralph W. *Timber: Toil and Trouble in the Big Woods*. Seattle: Superior Publishing, 1968.

Antonio, Salvina. "Orick: A Home Carved from Dense Wilderness." *Humboldt Times* (Eureka, CA), Jan. 7, 1951.

Barlow, Ron. Interview with the author, Oct. 2021.

Carlson, Linda. *Company Towns of the Pacific Northwest*. Seattle: University of Washington Press, 2003.

Clarke Historical Museum. *Images of America: Eureka and Humboldt County*. Mount Pleasant, SC: Arcadia Publishing, 2001.

Clarke Historical Museum interpretive gallery materials. Sept. 2019.

Coulter, Karen. "Reframing the Forest Movement to end forest destruction." *Earth First!* 24, no. 3 (2004).

Drushka, Ken. *Working in the Woods: A History of Logging on the West Coast*. Pender Harbour, BC: Harbour Publishing, 1992.

Fry, Amelia R. *Cruising and protecting the Redwoods of Humboldt: Oral history transcript and related material, 1961–1963*. Berkeley, CA: The Bancroft Library Regional Oral History Office, 1963.

Fry, Amelia, and Walter H. Lund. *Timber Management in the Pacific Northwest Region, 1927–1965*. Berkeley, CA: The Bancroft Library, Regional Oral History Office, 1967.

Fry, Amelia R., and Susan Schrepfer. *Newton Bishop Drury: Park and Redwoods, 1919–1971*. Berkeley, CA: The Bancroft Library, Regional Oral History Office, 1972.

General Information Files, "Orick," HCHS, Eureka, California.

Gessner, David."Are National Parks Really America's Best Idea?" Outside, Aug. 2020.

Harris, David. *The Last Stand: The War Between Wall Street and Main Street over California's Ancient Redwoods*. New York: Times Books, Random House, 1995.

Jacoby, Karl. *Crimes Against Nature: Squatters, Poachers, Thieves, and the Hidden History of American Conservation*. Berkeley: University of California Press, 2001.

Lage, Ann, and Susan Schrepfer. *Edgar Wayburn: Sierra Club Statesman, Leader of the Parks and Wilderness Movement: Gaining Protection for Alaska, the Redwoods, and Golden Gate Parklands*. Berkeley CA: The Bancroft Library, Regional Oral History Office, 1976.

LeMonds, James. *Deadfall: Generations of Logging in the Pacific Northwest*. Missoula, MT: Mountain Press Publishing Company, 2000.

McCormick, Evelyn. *Living with the Giants: A History of the Arrival of Some of the Early North Coast Settlers*. Self-published, Rio Dell, 1984.

——*The Tall Tree Forest: A North Coast Tree Finder*. Self-published, Rio Dell, 1987.

"Millionaire Astor Explains About His Famous Redwood." San Francisco Call, Jan. 15, 1899.

O'Reilly Edward. "Redwoods and Hitler: The link between nature conservation and the eugenics movement." From the Stacks (blog). New-York Historical Society Museum and Library. Sept. 25, 2013.https://blog.nyhistory.org/redwoods-and-hitler-the-link-between-nature-conservation-and-the-eugenics-movement/.

Peattie, Donald Culross. *A Natural History of North American Trees*. San Antonio, TX: Trinity University Press, 2007.

Perlin, John. *A Forest Journey: The Story of Wood and Civilization*. Woodstock, VT: The Countryman Press, 1989.

Post, W. C. "Map of property of the Blooming-Grove Park Association, Pike

Co., Pa., 1887." New York Public Library Digital Collections. https://digitalcollections.nypl.org/items/72041380-31da-0135-e747-3feddbfa9651.

Rajala, Richard A. *Clearcutting the Pacific Rain Forest: Production, Science and Regulation.* Vancouver: UBC Press, 1999.

Rutkow, Eric. *American Canopy: Trees, Forests, and the Making of a Nation.* New York: Scribner, 2012.

Sandlos, *Hunters at the Margin: Native People and Wildlife Conservation in the Northwest Territories.* Chicago: University of Chicago Press, 2007.

Schrepfer, Susan R. *The Fight to Save the Redwoods: A History of the Environmental Reform,* 1917–1978. Madison: University of Wisconsin Press, 1983.

Shirley, James Clifford. *The Redwoods of Coast and Sierra.* Berkeley: University of California Press, 1940.

Speece, Darren Frederick. *Defending Giants: The Redwood Wars and the Transformation of American Environmental Politics.* Seattle: University of Washington Press, 2017.

Spence, Mark David. *Dispossessing the Wilderness: Indian Removal and the Making of the National Parks.* Oxford: Oxford University Press, 2000.

St. Clair, Jeffrey. "The Politics of Timber Theft." *CounterPunch* (Petrolia, CA), June 13, 2008.

Taylor, Dorceta E. *The Rise of the American Conservation Movement: Power, Privilege and Environmental Protection.* Durham, NC: Duke University Press, 2016.

Tudge, Colin. *The Tree: A Natural History of What Trees Are, How They Live, and Why They Matter.* New York: Crown, 2006.

United States Department of the Interior. "The Conservation Legacy of Theodore Roosevelt." Feb. 14, 2020. https://www.doi.gov/blog/conservation-legacy-theodore-roosevelt.

Warren, Louis S. *The Hunters Game: Poachers and Conservationists in Twentieth-Century America.* New Haven, CT: Yale University Press, 1999.

Widick, Richard. *Trouble in the Forest: California's Redwood Timber Wars.* Minneapolis: University of Minnesota Press, 2009.

第4章 月球之境

Anders, Jentri. *Beyond Counterculture: The Community of Mateel*. Eureka, CA: Humboldt State University, August 2013.

Associated California Loggers."Enough Is Enough," 1977. Humboldt State University, Library Special Collections. https://archive.org/details/carcht_000047.

Barlow, Ron. Interview with the author, Oct. 2021.

British Columbia Ministry of Forests and Range."Glossary of Forestry Terms in British Columbia." March 2008. https://www.for.gov.bc.ca/hfd/library/documents/glossary/glossary.pdf.

Buesch, Caitlin."The Orick Peanut: A Protest Sent to Jimmy Carter." *Senior News* (Eureka, CA), Aug. 2018.

California Department of Parks and Recreation. "Survivors Through Time." https://www.parks.ca.gov/?page_id=24728.

California State Parks. "What Is Burl?" https://www.nps.gov /redw/planyourvisit/upload/Redwood_Burl_Final-508.pdf.

Center for the Study of the Pacific Northwest."Seeing the Forest for the Trees: Placing Washington's Forests in Historical Context." https://www.washington.edu/uwired/outreach /cspn/Website/Classroom%20Materials/Curriculum%20Packets/Evergreen%20State/Section%20II.html.

Childers, Michael. "The Stoneman Meadow Riots and Law Enforcement in Yosemite National Park." *Forest History Today*, Spring 2017.

Clarke Historical Museum. "Artifact Spotlight: Roadtrip! The Orick Peanut," July 1, 2018. http://www.clarkemuseum.org /blog/artifact-spotlight-roadtrip-the-orick-peanut.

Cook, Terry and Cherish Guffie. Interview with the author, Sept. 2019.

Coriel, Andrew, and Phil Huff. Interview with the author, July 2020.

Curtius, Mary. "The Fall of the 'Redwood Curtain.' " *Los Angeles Times*, Dec. 28, 1996.

Daniels, Jean M. United States Department of Agriculture, Forest Service."The

Rise and Fall of the Pacific Northwest Export Market." PNW-GTR-624. Pacific Northwest Research Station, Feb. 2005.

DeForest, Christopher E. United States Department of Agriculture, Forest Service. "Watershed Restoration, Jobs-in-the-Woods, and Community Assistance: Redwood National Park and the Northwest Forest Plan." PNW-GTR-449. Pacific Northwest Research Station, 1999.

Del Tredici, Peter."Redwood Burls: Immortality Underground." *Arnoldia* 59, no. 3 (1999).

Dietrich, William. *The Final Forest: The Battle for the Last Great Trees of the Pacific Northwest.* New York: Penguin, 1992.

Food and Agriculture Organization of the United Nations."North American Forest Commission, Twentieth Session, State of Forestry in the United States of America." St. Andrews, New Brunswick, Canada, June 12-16, 2000. http://www.fao.org /3/x4995e/x4995e.htm.

Frick, Steve. Interview with the author, Sept. 2019.

Fry, Amelia R. *Cruising and protecting the Redwoods of Humboldt: Oral history transcript and related material, 1961–1963.* Berkeley CA: The Bancroft Library, Regional Oral History Office, 1963.

Fryer, Alex. "Chipping Away at Tree Theft." *Christian Science Monitor*, Aug. 13, 1996.

General Information Files, "Orick," HCHS, Orick, California.

Gordon, Greg. *When Money Grew on Trees: A. B. Hammond and the Age of the Timber Baron.* Norman: University of Oklahoma Press, 2014.

Guffie, John. Interview with the author, Oct. 2020.

Harris, David. *The Last Stand: The War Between Wall Street and Main Street over California's Ancient Redwoods.* New York: Times Books, Random House, 1995.

Humboldt Planning and Building. Natural Resources & Hazards Report, "Chapter 11: Flooding." Eureka, CA, 2002.

Johnson, Dirk. "In U.S. Parks, Some Seek Retreat, but Find Crime." *New York Times*, Aug. 21, 1990.

Lage, Ann, and Susan Schrepfer. *Edgar Wayburn: Sierra Club Statesman, Leader of the Parks and Wilderness Movement: Gaining Protection for Alaska, the Redwoods, and Golden Gate Parklands.* Berkeley, CA: The Bancroft Library, Regional Oral History Office, 1976.

"Loggers Assail Redwood Park Plan." New York Times, Apr. 15, 1977.

Loomis, Erik. *Empire of Timber: Labor Unions and the Pacific Northwest Forests.* Cambridge: Cambridge University Press, 2015.

Nelson, Matt. Interview with the author, Mar. 2020.

Pryne, Eric. "Government's Ax May Come Down Hard on Forks Timber Spokesman Larry Mason." *Seattle Times*, May 5, 1994.

Rackham, Oliver. *Woodlands*. Toronto: HarperCollins Canada, 2012.

Rajala, Richard A. *Clearcutting the Pacific Rain Forest: Production, Science and Regulation.* Vancouver: UBC Press, 1999.

Redwood National and State Parks. "About the Trees." Feb. 28, 2015. https://www.nps.gov/redw/learn/nature/about-the-trees.htm.

Redwood National Park. "Tenth Annual Report to Congress on the Status of Implementation of the Redwood National Park Expansion Act of March 27, 1978." Crescent City, CA, 1987.

"Redwood National Park Part II: Hearings before the Subcommittee on National Parks and Recreation of the Committee on Interior and Insular Affairs, House of Representatives. H.R. 1311 and Related Bills to establish a Redwood National Park in the State of California. Hearings held Crescent City, Calif., April 16, 1968, Eureka, Calif., April 18, 1968." Serial No. 90-11. Washington, DC: US Government Printing Office, 1968.

"S. 1976. A bill to add certain lands to the Redwood National Park in the State of California, to strengthen the economic base of the affected region, and for other purposes: Hearings Before the Subcommittee on Parks and Recreation of the Committee on Energy and Natural Resources." Washington, DC: US Government Printing Office, 1978. (*Via private library of Robert Herbst, Aug. 2020.*)

Speece, Darren Frederick. *Defending Giants: The Redwood Wars and the*

Transformation of American Environmental Politics. Seattle: University of Washington Press, 2017.

Spence, Mark David. Department of the Interior, National Park Service, Pacific West Region. "Watershed Park: Administrative History, Redwood National and State Parks." 2011.

Thompson, Don. "Redwoods Siphon Water from the Top and Bottom." Los Angeles Times, Sept. 1, 2002.

Vogt, C., E. Jimbo, J. Lin, and D. Corvillon."Floodplain Restoration at the Old Orick Mill Site." Berkeley: University of California Berkeley: River-Lab, 2019.

Walters, Heidi."Orick or bust?" *North Coast Journal of Politics, People & Art* (Eureka, CA), May 31, 2007.

Widick, Richard. *Trouble in the Forest: California's Redwood Timber Wars.* Minneapolis: University of Minnesota Press, 2009.

第5章　区域战争

Bailey, Nadine. Interview with the author, Sept. 2019.

Bari, Judi. *Timber Wars.* Monroe, ME: Common Courage Press, 1994.

Carroll, Matthew S. *Community and the Northwestern Logger: Continuities and Changes in the Era of the Spotted Owl.* New York: Avalon Publishing, 1995.

Dumont, Clayton W. "The Demise of Community and Ecology in the Pacific Northwest: Historical Roots of the Ancient Forest Conflict." *Sociological Perspectives* 39, no. 2 (1996): 277–300.

"Forks: Timber community revitalizes economy." Associated Press, Dec. 21, 1992.

Glionna, John M. "Community at Loggerheads Over a Book by Dr. Seuss." *Los Angeles Times*, Sept. 18, 1989.

Greber, Brian. Interview with the author, June 2020.

Guffie, Chris. Interview with the author, Sept. 2020.

Fortmann, Louise. Interview with the author, June 2020.

Harter, John-Henry. "Environmental Justice for Whom? Class, New Social

Movements, and the Environment: A Case Study of Greenpeace Canada, 1971−2000." *Labour* 54, no. 3 (2004).

Hines, Sandra. "Trouble in Timber Town." *Columns*, December 1990.

Loomis, Erik. *Empire of Timber: Labor Unions and the Pacific Northwest Forests*. Cambridge: Cambridge University Press, 2015.

Loomis, Erik, and Ryan Edgington."Lives Under the Canopy: Spotted Owls and Loggers in Western Forests." *Natural Resources Journal* 51, no. 1 (2012).

Madonia, Joseph F. "The Trauma of Unemployment and Its Consequences." *Social Casework* 64, no. 8 (1983): 482−488.

"Northwest Environmental Issues." C-SPAN, aired Apr. 2,1933. https://www.c-span.org/video/?39332-1/northwest-environmental-issues.

O'Hara, Kevin L., et al. "Regeneration Dynamics of Coast Redwood, a Sprouting Conifer Species: A Review with Implications for Management and Restoration." *Forests* 8, no. 5 (2017).

Pendleton, Michael R."Beyond the threshold: The criminalization of logging." *Society & Natural Resources* 10, no. 2 (1997).

Pryne, Eric. "Government's Ax May Come Down Hard on Forks Timber Spokesman Larry Mason." *Seattle Times*, May 5, 1994.

Romano, Mike."Who Killed the Timber Task Force?" *Seattle Weekly*, Oct. 9, 2006.

Speece, Darren Frederick. *Defending Giants: The Redwood Wars and the Transformation of American Environmental Politics*. Seattle: University of Washington Press, 2017.

Stein, Mark A." 'Redwood Summer': It Was Guerrilla Warfare: Protesters' anti-logging tactics fail to halt North Coast timber harvest. Encounters leave loggers resentful." *Los Angeles Times*, Sept. 2, 1990.

Widick, Richard. *Trouble in the Forest: California's Redwood Timber Wars*. Minneapolis: University of Minnesota Press, 2009.

第6章　红杉之路

Barlow, Ron. Interview with the author, Oct. 2021.

California State Parks. "What Is Burl?" https://www.nps.gov/redw/planyourvisit/upload/Redwood_Burl_Final-508.pdf.

Del Tredici, Peter. "Redwood Burls: Immortality Underground." *Arnoldia* 59, no. 3 (1999).

Logan, William Bryant. *Sprout Lands: Tending the Endless Gift of Trees*. New York: W. W. Norton, 2019.

Marteache, Nerea, and Stephen F. Pires."Choice Structuring Properties of Natural Resource Theft: An Examination of Redwood Burl Poaching." *Deviant Behavior* 41, no. 3 (2019).

McCormick, Evelyn. *The Tall Tree Forest: A North Coast Tree Finder*. Self-published, Rio Dell, 1987.

Peattie, Donald Culross. *A Natural History of North American Trees*. San Antonio, TX: Trinity University Press, 2007.

Perlin, John. *A Forest Journey: The Story of Wood and Civilization*. Woodstock, VT: The Countryman Press, 1989.

Pires, Stephen F. et al."Redwood Burl Poaching in the Redwood State & National Parks, California, USA," in Lemieux, A. M., ed., *The Poaching Diaries* (vol. 1): *Crime Scripting for Wilderness Problems*. Phoenix: Center for Problem Oriented Policing, Arizona State University 2020.

Popkin, Gabriel. " 'Wood wide web'—the underground network of microbes that connects trees— mapped for first time." *Science*, May 15, 2019.

Redwood National and State Parks."Arrest Made in Burl Poaching Case." May 14, 2014.https://www.nps.gov/redw/learn /news/arrest-made-in-burl-poaching-case.htm.

Save the Redwoods League."Coast Redwoods." https://www.savetheredwoods.org/redwoods/coast-redwoods/.

Sillett, Steve. Personal correspondence with the author, Oct. 2019.

Taylor, Preston. Interview with the author, Feb. 2020.

Tudge, Colin. *The Tree: A Natural History of What Trees Are, How They Live, and Why They Matter*. New York: Crown, 2006.

University of California Agriculture and Natural Resources."Coast Redwood

(Sequoia sempervirens)."https://ucanr.edu/sites/forestry/California_forests/ http_ucanrorg_sites_forestry _California_forests_Tree_Identification_/ Coast _Redwood _Sequoia_sempervirens_l98/.

University of Delaware."How plants protect themselves by emitting scent cues for birds." Aug. 15, 2018.

Virginia Tech, College of Natural Resources and Environment."Fire ecology." http://dendro.cnre.vt.edu/forsite/valentine/fire_ecology.htm.

Widick, Richard. *Trouble in the Forest: California's Redwood Timber Wars*. Minneapolis: University of Minnesota Press, 2009.

Wohlleben, Peter. *The Hidden Life of Trees: What They Feel, How They Communicate–Discoveries from a Secret World*. Vancouver, BC: Greystone Books, 2016.

第7章 盗伐人生

Cook, Teny and Cherish Guffie. Interview with the author, Sept. 2019.

Court filings, "State of Washington v. Christopher David Guffie." Case no. 94-1-00102, accessed Oct. 2020.

Court filings, "State of Washington v. Daniel Edward Garcia." Case no. 94-1-00103, accessed Oct. 2020.

Garcia, Danny. Interviews with the author, Dec. 2019, Jan.2020, Oct. 2020, Dec. 2020, Feb. 2021, June 2021, July 2021, and Oct. 2021.

Guffie, Chris. Interviews with the author, Sept. 2019 and Sept. 2020.

Guffie, John. Interview with the author, Oct. 2020.

Obituary of Ronald Cook, *Times-Standard* (Eureka, CA), July 20, 1976.

Obituary of Thelma Cook, *Times-Standard* (Eureka, CA), Aug. 28, 2007.

Obituary of Timmy Dale Cook, *Times-Standard* (Eureka, CA), Oct. 12, 2004.

"Victim of Crash Dies." *Times-Standard* (Eureka, CA), Mar. 1, 1971.

第8章 音乐木材

Court filings, "United States of America v. Reid Johnston." Case no. CR11-5539RJB, accessed 2014.

Cronn, Richard, et al."Range-wide assessment of a SNP panel for individualization and geolocalization of bigleaf maple *(Acer macrophyltum* Pursh). *Forensic Science International: Animals and Environments.* Vol. 1, Nov. 2021: 100033.

Diggs, Matthew. Interview with the author, 2014.

Durkan, Jenny. "Brinnon Man Indicted for Tree Theft from Olympic National Forest." United States Attorney's Office, Western District of Washington. Nov. 10, 2011.

"Fatality accident: Brinnon's Stan Johnston dies in crash on Hwy. 101; Candy Johnston recovering at Harbourview." *Leader* (Port Townsend, WA), Feb. 19, 2011.

Greenpeace. "Taylor, Gibson, Martin and Fender Team with Greenpeace to Promote Sustainable Logging." July 6, 2010. https://www.greenpeace.org/usa/news/taylor-gibson-martin-and-fen/.

Halverson, Matthew. "Legends of the Fallen." *Seattle Met*, Apr. 2013.

Jenkins, Austin."Music Wood Poaching Case Targets Mill Owner Who Sold to PRS Guitars." NWNewsNetwork, Aug. 6, 2015.

Minden, Anne. Interview with the author, Aug. 2018.

National Park Service. Freedom of Information Act Request, NPS-2019-01621, accessed Nov. 2019.

——."Size of the Giant Sequoia." Feb. 2007.

——."Two men sentenced for theft of 'music wood' timber in Olympic National Park." Feb. 16, 2018.

O'Hagan, Maureen. "Plundering of timber lucrative for thieves, a problem for state." *Seattle Times*, Feb. 24, 2013.

Peattie, Donald Culross. *A Natural History of North American Trees.* San Antonio, TX: Trinity University Press, 2007.

Riggs, Keith. "Timber thief in Washington cuts down 300-year-old tree." Forest Service Office of Communication, Jan. 10, 2013.

Taylor, Preston. Interview with the author, Feb. 2020.

Tudge, Colin. *The Tree*: *A Natural History of What Trees Are, How They Live, and Why They Matter.* New York: Crown, 2006.

United States Department of Agriculture, Forest Service. "Douglas-Fir: An American Wood." FS-235.

——."Species: Pseudotsuga menziesii var. menziesii," distributed by the Fire Effects Information System. https://www.fs.fed.us /database/feis/plants/tree/psemenm/all.html.

第9章　神秘树林

Barlow, Ron. Interview with the author, Oct. 2021.

Cook, Terry and Cherish Guffie. Interview with the author, Sept. 2019.

Court filings, "The People of the State of California v Danny Edward Garcia." Case no. CR1402210A, accessed Aug. 2020.

Denny Laura. Interview with the author, Sept. 2020.

Esler, Bill."Second Redwood Burl Poacher Sentenced." *Woodworking Network*, June 23, 2014.

"Famous Burls Are Used in Many Nations." *Humboldt Times* Centennial Issue (Eureka, CA), Feb. 8, 1954.

Garcia, Danny. Interviews with the author, Dec. 2019, Jan.2020, Oct. 2020, Dec. 2020, Feb. 2021, June 2021, July 2021, and Oct. 2021.

Guffie, Chris. Interviews with the author, Sept. 2019 and Sept. 2020. Hagood, Jim, and Joe Huff ord. Interview with the author, Sept. 2019.

"Homeland Security Asset Report Inflames Critics." *All Things Considered*, NPR, July 12, 2006.

Logan, William Bryant. *Sprout Lands: Tending the Endless Gift of Trees*. New York: W. W. Norton, 2019.

Muth, Robert M. "The persistence of poaching in advanced industrial society: Meanings and motivations—An introductory comment." *Society & Natural Resources* 11, no. 1 (1998).

National Park Service. Freedom of Information Act Request, NPS-2019-01621, accessed Nov. 2019.

Simmons, James. Interview with the author, Sept. 2020.

Squatriglia, Chuck. "Fighting back: Park managers are cracking down on thieves stealing old-growth redwood logs." *SF Gate*, Sept. 17, 2006.

Trick, Randy J. "Interdicting Timber Theft in a Safe Place: A Statutory Solution to the Traffic Stop Problem." *Seattle Journal of Environmental Law* 2, no. 1 (2012).

Troy, Stephen. Interviews with the author, Sept. 2019, Sept.2020, Feb. 2021, and July 2021.

第10章　车削制木

Amador, Don. "2001 Orick Freedom Rally and Protest Update." Blue Ribbon Coalition, June 26, 2001.

Barlow, Ron. Interview with the author, Oct. 2021.

Cart, Julie. "Storm over North Coast rights." *Los Angeles Times*, Dec. 18, 2006.

Cook, Terry and Cherish Guffie. Interview with the author, Sept. 2019.

Court records, "California Department of Parks and Recreation v. Edward Salsedo." Case no. Al 12125, July 2009, accessed Jan. 2020.

Frick, Steve. Interview with the author, Sept. 2019.

Hagood, Jim. Interviews with the author, Sept. 2019 and Jan. 2021.

House, Rachelle. "Western Snowy Plover reaches important milestone in its recovery." *Audubon*, Aug. 2018.

Hughes, Derek. Interviews with the author, Sept. 2020, Oct. 2020, Mar. 2021, Apr. 2021, July 2021, and Oct. 2021.

Lehman, Jacob. "Gates draw anger." *Times-Standard* (Eureka, CA), Aug. 2000.

Meyer, Betty. Interview with the author, Sept. 2019.

Netz, Lynne. Interview with the author, Sept. 2019.

"Orick Under Siege." Advertisement. *Times-Standard* (Eureka, CA), July 29, 2000.

Pero, Branden. Interviews with the author, Sept. 2019, Sept. 2021, and Oct. 2021.

Simmons, James. Interview with the author, Sept. 2019.

Treasure, James. " 'Orick in grave need,' according to letter." *Times-Standard* (Eureka, CA), Oct. 24, 2001.

Walters, Heidi. "Orick or bust." *North Coast Journal of Politics, People & Art* (Eureka, CA), May 31, 2007.

第11章 劣等工作

"Adverse Community Experiences and Resilience: A Framework for Addressing and Preventing Community Trauma." Prevention Institute, 2015.

Bradel, Alejandro, and Brian Greaney. "Exploring the Link Between Drug Use and Job Status in the U.S." Federal Reserve Bank, July 2013.

Case, Anne, and Angus Deaton. *Deaths of Despair and the Future of Capitalism.* Princeton, NJ: Princeton University Press, 2021.

"Coley." *Intervention,* Season 3, Episode 11. A&E, aired Aug. 2007.

Coriel, Andrew, and Phil Huff. Interview with the author, July 2020.

Court filings, "The People of the State of California v. Danny Edward Garcia." Case no. CR1402210A, accessed Aug. 2020.

Daniulaityte, Raminta, et al. "Methamphetamine Use and Its Correlates among Individuals with Opioid Use Disorder in a Midwestern U.S. City." *Substance use & misuse* 55, no. 11 (2020): 1781–1789.

DataUSA. "Orick, CA." https://datausa.io/profile/geo/orick-ca/.

Dumont, Clayton W. "The Demise of Community and Ecology in the Pacific Northwest: Historical Roots of the Ancient Forest Conflict." *Sociological Perspectives* 39, no. 2 (1996): 277–300.

Goldsby, Mike. Interview with the author, Sept. 2019.

Guffie, Chris. Interview with the author, Sept. 2020.

Hagood, Jim. Interviews with the author, Sept. 2019 and Jan. 2021.

Heffernan, Virginia. "Confronting a Crystal Meth Head Who Is Handy with a Chainsaw." *New York Times,* Aug. 10, 2007.

Henkel, Dieter. "Unemployment and substance use: A review of the literature (1990–2010)." *Current Drug Abuse Reviews* 4, no. 1 (2011).

Hufford, Donna, and Joe Hufford. Interview with the author, Sept. 2019.

Hughes, Derek. Interviews with the author, Sept. 2020, Oct. 2020, Mar. 2021, Apr. 2021, July 2021, and Oct. 2021.

"Humboldt County Economic & Demographic Profile." *Center for Economic Development*, 2018.

Kemp, Kym. "Never Ask What a Humboldter Does for a Living and Other Unique Etiquette Rules." *Lost Post Outpost* (Eureka, CA), Jan. 8, 2011.

Kristof, Nicholas D., and Sheryl WuDunn. *Tightrope: Americans Reaching for Hope*. New York: Knopf, 2020.

Life After Meth: Facing the Northcoast Methamphetamine Crisis. Produced by Seth Frankel and Claire Reynolds. Eureka, CA: KEET-TV, 2006.

Lupick, Travis. *Fighting for Space: How a Group of Drug Users Transformed One City's Struggle with Addiction*. Vancouver, BC: Arsenal Pulp Press, 2017.

Madonia, Joseph F. "The Trauma of Unemployment and It's Consequences." *Social Casework* 64, no. 8 (1983): 482–488.

Maté, Gabor. *In the Realm of Hungry Ghosts: Close Encounters with Addiction*. Toronto: Random House Canada, 2009.

"Methamphetamine." California Northern and Eastern Districts Drug Threat Assessment, National Drug Intelligence Center, Jan. 2001.

Minden, Anne. Interview with the author, Aug. 2018.

Robles, Frances. "Meth, the Forgotten Killer, Is Back. And It's Everywhere." *New York Times*, Feb. 13, 2018.

Rose, David. " 'The Pacific Northwest is drowning in methamphetamine': 17 arrested in major drug trafficking operation." Fox13 Seattle, Oct. 24, 2019.

Sherman, Jennifer. "Bend to Avoid Breaking: Job Loss, Gender Norms, and Family Stability in Rural America." *Social Problems* 56, no. 4 (2009).

———. *Those Who Work, Those Who Don't: Poverty, Morality, and Family in Rural America*. Minneapolis: University of Minnesota Press, 2009.

Trick, Randy J. "Interdicting Timber Theft in a Safe Space: A Statutory Solution to the Traffic Stop Problem." *Seattle Journal of Environmental Law* 2, no. 1 (2012): 383–426.

Volkow, Dr. Nora. "Rising Stimulant Deaths Show That We Face More Than Just an Opioid Crisis." National Institute on Drug Abuse, Nov. 2020.

Widick, Richard. *Trouble in the Forest: California's Redwood Timber Wars*.

Minneapolis: University of Minnesota Press, 2009.

Yu, Steve. Interview with the author, July 2020.

第12章 猫鼠游戏

"Arrest made in burl poaching case." Redwood National and State Parks, May 14, 2014.

Brown, Patricia Leigh. "Poachers Attack Beloved Elders of California, Its Redwoods." *New York Times*, Apr. 8, 2014.

Cook, Terry and Cherish Guffie. Interview with the author, Sept. 2019.

Court filings, "The People of the State of California v. Danny Edward Garcia." Case no. CR1402210A, accessed Aug. 2020.

Pires, Stephen F., et al. "Redwood Burl Poaching in the Redwood State & National Parks, California, USA," in Lemieux, A. M., ed., *The Poaching Diaries* (vol. 1): *Crime Scripting for Wilderness Problems*. Phoenix: Center for Problem Oriented Policing, Arizona State University 2020.

Simon, Melissa. "Burl poacher sentenced to community service." *Times-Standard* (Eureka, CA), June 20, 2014.

Sims, Hank. "Burl Poaching Suspect Arrested." *Lost Coast Outpost* (Eureka, CA), May 14, 2014.

Yu, Steve. Interview with the author, July 2020.

第13章 积木街区

Cook, Terry and Cherish Guffie. Interview with the author, Sept. 2019.

Court filings, "People of the State of California v. Derek Alwin Hughes." Case no. CR1803044, accessed Dec. 2020.

"The Dangers of Being a Ranger." *Weekend Edition*, NPR, June 18, 2005.

Davidson, Joe. "Federal land employees were threatened or assaulted 360 times in recent years, GAO says." *Washington Post*, Oct. 21, 2019.

Garcia, Danny. Interviews with the author, Dec.2019, Jan.2020, Oct. 2020, Dec. 2020, Feb. 2021, June 2021, July 2021, and Oct. 2021.

Hearne, Rick. "Figuring out figure—bird's eye." *Wood Magazine*. https://www.

woodmagazine.com/materials-guide/lumber/wood-figure/figuring-out-figure—birds-eye.

Hughes, Derek. Interviews with the author, Sept. 2020, Oct. 2020, Mar. 2021, Apr. 2021, July 2021, and Oct. 2021.

Johnson, Kirk. "In the Wild, a Big Threat to Rangers: Humans." *New York Times*, Dec. 6, 2010.

Netz, Lynne. Interview with the author, Sept. 2019.

Pennaz, Alice B. Kelly. "Is That Gun for the Bears? The National Park Service Ranger as a Historically Contradictory Figure." *Conservation & Society* 15, no. 3 (2017): 243–254.

Pero, Branden. Interviews with the author, Sept. 2019, Sept. 2021, and Oct. 2021.

Probation Report, "The People of the State of California v. Derek Alwin Hughes." Aug. 2021, accessed Oct. 2021.

Trick, Randy J. "Interdicting Timber Theft in a Safe Space: A Statutory Solution to the Traffic Stop Problem." *Seattle Journal of Environmental Law* 2, no. 1 (2012): 383–426.

Troy, Stephen. Interviews with the author, Sept. 2019, Sept. 2020, Feb. 2021, July 2021, and Oct. 2021.

第14章 拼图碎片

Barnard, Jeff. "Redwood park closes road to deter burl poachers." *Associated Press*, Mar. 5, 2014.

Court filings, "People of the State of California v. Derek Alwin Hughes." Case no. CR1803044, accessed Dec. 2020.

Hughes, Derek. Interviews with the author, Sept. 2020, Oct. 2020, Mar. 2021, Apr. 2021, July 2021, and Oct. 2021.

Pero, Branden. Interviews with the author, Sept. 2019, Sept. 2021, and Oct. 2021.

Probation Report, "The People of the State of California v. Derek Alwin Hughes." Aug. 2021, accessed Oct. 2021.

Sims, Hank. "Humboldt Deputy DA Named California's 'Wildlife Prosecutor of the Year' : Kamada Prosecuted Poachers, Growers, Dudleya Bandits." *North Coast Outpost* (Eureka, CA), June 21, 2018.

Troy, Stephen. Interviews with the author, Sept. 2019, Sept. 2020, Feb. 2021, July 2021, and Oct. 2021.

第15章　热潮重现

British Columbia Ministry of Forests, Lands and Natural Resource Operations. "Tree poaching—response provided Oct. 2018." Personal correspondence with the author, Feb. 2019.

——. "Unauthorized Harvest Statistics: 2016–2018." Personal correspondence with the author, Feb. 2019.

Clarke, Luke. Interview with the author, Mar. 2019.

"Forest Stewardship Plan." Sunshine Coast Community Forest. http://www.sccf.ca/forest-stewardship/forest-stewardship-plan, accessed Aug. 19, 2021.

Holt, Rachel, et al. "Defining old growth and recovering old growth on the coast: Discussion of options." Prepared for the Ecosystem Based Management Working Group, Sept. 2008.

Hooper, Tyler (Canada Border Services Agency). Personal correspondence with the author, Apr. 2021.

Lasser, Dave. Interview with the author, Sept. 2020.

Nanaimo Homeless Coalition. "Factsheet: Homelessness in Nanaimo," 2019.

Peterson, Jodi. "Northwest timber poaching increases." *High Country News* (Paonia, CO), June 8, 2018.

"Story of the year: DisconTent City" *Nanaimo (BC) News Bulletin*, Dec. 27, 2018.

Sunshine Coast Community Forest. "History." http://www.sccf.ca/who-we-are/history.

"Timber poaching grows on Washington public land." Washington Forest Protection Association Blog, Dec. 19, 2018. https://www.wfpa.org/news-resources/blog/timber-poaching-grows-on-washington-public-land/.

"Tree poaching hits 'epidemic' levels." *Coast Reporter* (Sechelt, BC), May 18,

2020.

Vinh, Pamela. Interview with the author, Feb. 2019.

Washington Department of Natural Resources. "Economic & Revenue Forecast," Feb. 2018.

Zeidler, Maryse. "Report recommends batons, pepper spray for B.C. natural resource officers." CBC.ca, Mar. 10, 2019.

Zieleman, Sara. Personal correspondence with the author, Apr. 2021.

第16章 火源之树

Court filings, "United States of America v. Justin Andrew Wilke." Case no. CR19-5364BHS, accessed Sept. 2021.

Golden, Hallie. " 'A problem in every national forest': Tree thieves were behind Washington wildfire." *Guardian* (London), Oct. 5, 2019.

"Member of timber poaching group that set Olympic National Forest wildfire sentenced to 2½ years in prison." United States Attorney's Office, Western District of Washington, Sept. 21, 2020.

United States Department of Agriculture, Forest Service. "Maple Fire investigation results," Oct. 1, 2019.

第17章 寻木追踪

Adventure Scientists. "Timber Tracking." https://www.adventurescientists.org/timber.html.

——. "Tree DNA Used to Convict Timber Poacher," July 29, 2021.

Cronn, Richard. Interview with the author, Aug. 2021.

Cronn, Richard, et al. "Range-wide assessment of a SNP panel for individualization and geolocalization of bigleaf maple (*Acer macrophyllum* Pursh). *Forensic Science International: Animals and Environments*. Vol. 1, Nov. 2021: 100033.

Dowling, Michelle, Michelle Toshack, and Maris Fessenden. "Timber Project Report 2019." Adventure Scientists, Nov. 2020. https://www.adventurescientists.org/uploads/7/3/9/8/7398741/2019_timberreport_20201112.pdf.

Gupta, P., J. Roy, and M. Prasad. "Single nucleotide polymorphisms: A new paradigm for molecular marker technology and DNA polymorphism detection with emphasis on their use in plants." *Current Science* 80, no. 4 (Feb. 2001): 524–535.

United States Department of Agriculture, Forest Service."Maple Fire investigation results," Oct. 1, 2019.

第18章　愿景所求

Baquero, Diego Cazar. "Indigenous Amazonian communities bear the burden of Ecuador's balsa boom." Mongabay.com, Aug. 17, 2021.

Davidson, Helen."From a forest in Papua New Guinea to a floor in Sydney: How China is getting rich off Pacific lumber." *Guardian* (London), May 31, 2021.

Dunlevie, James. "Million-dollar 'firewood theft' operation busted in southern Tasmania." ABC News (Sydney), May 7, 2020.

Espinoza, Ed. Interviews with the author, June 2018 and Sept. 2019.

Food and Agriculture Organization of the United Nations. North American Forest Commission, Twentieth Session,"State of Forestry in the United States of America," 2000. http://www.fao.org/3/x4995e/x4995e.htm.

Goddard, Ken. Interviews with the author, June 2018 and Sept. 2019.

Grant, Jason, and Hin Keong Chen."Using Wood Forensic Science to Deter Corruption and Illegality in the Timber Trade." Targeting Natural Resource Corruption (Topic Brief), Mar. 2021.

Grosz, Terry. Interview with the author, June 2018.

International Bank for Reconstruction and Development/The World Bank. *Illegal Logging, Fishing, and Wildlife Trade: The Costs and How to Combat It*. Oct. 2019.

Lancaster, Cady Interviews with the author, Sept. 2019 and Oct. 2020.

Mukpo, Ashoka. "Ikea using illegally sourced wood from Ukraine, campaigners say." Mongabay.com, June 29, 2020.

Nellemann, Christian. Interview with the author, Sept. 2013.
Neme, Laurel A. *Animal Investigators: How the World's First Wildlife Forensics Lab Is Solving Crimes and Saving Endangered Species.* New York: Scribner, 2009.
Petrich, Katharine."Cows, Charcoal, and Cocaine: al-Shabab's Criminal Activities in the Horn of Africa." *Studies in Conflict & Terrorism,* 2019.
Sheikh, Pervaze A."Illegal Logging: Background and Issues." Congressional Research Service, June 2008. https://crsreports.congress.gov/product/pdf/RL/RL33932/8.
World Wide Fund for Nature. "Illegal wood for the European market," July 2008.
——. "Stop Illegal Logging." https://www.worldwildlife.org/initiatives/stopping-illegal-logging.
Zuckerman, Jocelyn C. "The Time Has Come to Rein in the Global Scourge of Palm Oil." *Yale Environment 360,* May 27, 2021.

第19章　穿越美洲

Aguirre, Ruhiler. Interviews with the author, Apr. 2018.
Conniff, Richard. "Chasing the Illegal Loggers Looting the Amazon Forest." Wired, Oct. 2017.
Custodio, Leslie Moreno. "In the Peruvian Amazon, the prized shihuahuaco tree faces a grim future." Mongabay.com, Oct. 31, 2018.
Environmental Investigation Agency. "The Illegal Logging Crisis in Honduras," 2006.
——. "The Laundering Machine: How Fraud and Corruption in Peru's Concession System Are Destroying the Future of Its Forests," 2012.
Urrunaga, Julia. Interview with the author, May 2018.

第20章　信仰树木

Jumanga, Jose. Interview with the author, May 2018.
Vasquez, Raul. Interview with the author, May 2018.

第21章　森林碳汇

Ennes, Juliana. "Illegal logging reaches Amazons untouched core, 'terrifying' research shows." Mongabay.com, Sept. 15, 2021.

Espinoza, Ed. Interviews with the author, June 2018 and Sept. 2019.

Carrington, Damian. "Amazon rainforest now emitting more CO_2 than it absorbs." *Guardian* (London), July 14, 2021.

Center for Climate and Energy Solutions. "Wildfires and Climate Change." https://www.c2es.org/content/wildfires-and-climate-change/.

International Union for Conservation of Nature."Peatlands and climate change." Issues Brief, 2014.

——."Rising murder toll of park rangers calls for tougher laws." July 29, 2014.

Jirenuwat, Ryn, and Tyler Roney. "The guardians of Siamese rosewood." China Dialogue.net, Jan. 28, 2021.

Lancaster, Cady. Interviews with the author, Sept. 2019 and Oct. 2020.

Law, Beverly, and William Moomaw. "Curb climate change the easy way: Don't cut down big trees." The Conversation.com, Apr. 7, 2021.

Rainforest Alliance. "Spatial data requirements and guidance," June 2018.

Shukman, David. " 'Football pitch' of Amazon forest lost every minute." BBC News, July 2, 2019.

United Nations Sustainable Development. "UN Report: Nature's Dangerous Decline 'Unprecedented'; Species Extinction Rate 'Accelerating.' " May 6, 2019.

Young, Rory and Yakov Alekseyev. "A Field Manual for AntiPoaching Activities." African Lion & Environmental Research Trust, 2014.

第22章　悬而未决

Barlow, Ron. Interview with the author, Oct. 2021.

Cook, Terry, and Cherish Guffie. Interview with the author, Sept. 2019.

Garcia, Danny. Interviews with the author, Dec. 2019, Jan. 2020, Oct. 2020, Dec. 2020, Feb. 2021, June 2021, July 2021, and Oct. 2021.

Guffie, John. Interview with the author, Oct. 2020.

Hughes, Derek. Interviews with the author, Sept. 2020, Oct. 2020, Mar. 2021, Apr. 2021, July 2021, and Oct. 2021.

Pero, Branden. Interviews with the author, Sept. 2019 and Sept. 2021.

Probation Report, "The People of the State of California v. Derek Alwin Hughes." Aug. 2021, accessed Oct. 2021.

后记

Bray, David."Mexican communities manage their local forests, generating benefits for humans, trees and wildlife." The Conversation.com. https://theconversation.com/mexican-communities-manage-their-local-forests-generating-benefits-for-humans-trees-and-wildlife-165647.

British Columbia Community Forest Association."Community Forest Indicators 2021," Sept. 2021.

Duffy Rosaleen, et al. "Open Letter to the Lead Authors of 'Protecting 30% of the Planet for Nature: Costs, Benefits and Implications.'" https://openlettertowaldronetal.wordpress.com/.

Meissner, Dirk. "Ongoing protests, arrests at Fairy Creek over logging 'not working', says judge." Canadian Press, Sept. 18, 2021.

Polmateer, Jaime. "172 job layoffs as Canfor announces closure of Vavenby mill." *Clearwater* (BC) *Times*, June 3, 2019.

Waldron, Anthony, et al. "Protecting 30% of the Planet for Nature: Costs, Benefits and Economic Implications." Working paper analyzing the economic implications of the proposed 30% target for areal protection in the draft post-2020 Global Biodiversity Framework. Cambridge Conservation Research Institute, 2020.

自 然 文 库
Nature
Series

鲜花帝国——鲜花育种、栽培与售卖的秘密
艾米·斯图尔特 著　宋博 译

看不见的森林——林中自然笔记
戴维·乔治·哈斯凯尔 著　熊姣 译

一平方英寸的寂静
戈登·汉普顿 约翰·葛洛斯曼 著　陈雅云 译

种子的故事
乔纳森·西尔弗顿 著　徐嘉妍 译

醉酒的植物学家——创造了世界名酒的植物
艾米·斯图尔特 著　刘夙 译

探寻自然的秩序——从林奈到 E.O. 威尔逊的博物学传统
保罗·劳伦斯·法伯 著　杨莎 译

羽毛——自然演化的奇迹
托尔·汉森 著　赵敏 冯骐 译

鸟的感官
蒂姆·伯克黑德 卡特里娜·范·赫劳 著　沈成 译

盖娅时代——地球传记
詹姆斯·拉伍洛克 著　肖显静 范祥东 译

树的秘密生活
科林·塔奇 著　姚玉枝 彭文 张海云 译

沙乡年鉴
奥尔多·利奥波德 著　侯文蕙 译

加拉帕戈斯群岛——演化论的朝圣之旅
亨利·尼克尔斯 著　林强 刘莹 译

山楂树传奇——远古以来的食物、药品和精神食粮
比尔·沃恩 著　侯畅 译

狗知道答案——工作犬背后的科学和奇迹
凯特·沃伦 著　林强 译

全球森林——树能拯救我们的 40 种方式
戴安娜·贝雷斯福德 - 克勒格尔 著　李菡然 译　周玮 校

地球上的性——动物繁殖那些事
朱尔斯·霍华德 著　韩宁 金籀儿 译

彩虹尘埃——与那些蝴蝶相遇
彼得·马伦 著　罗心宇 译

千里走海湾
约翰·缪尔 著　侯文蕙 译

了不起的动物乐团
伯尼·克劳斯 著　卢超 译

餐桌植物简史——蔬果、谷物和香料的栽培与演变
约翰·沃伦 著　陈莹婷 译

树木之歌
戴维·乔治·哈斯凯尔 著　朱诗逸译　林强 孙才真 审校

刺猬、狐狸与博士的印痕——弥合科学与人文学科间的裂隙
斯蒂芬·杰·古尔德 著　杨莎 译

剥开鸟蛋的秘密
蒂姆·伯克黑德 著　朱磊 胡运彪 译

绝境——滨鹬与鲎的史诗旅程
黛博拉·克莱默 著　施雨洁 译　杨子悠 校

神奇的花园——探寻植物的食色及其他
露丝·卡辛格 著　陈阳 侯畅 译

种子的自我修养
尼古拉斯·哈伯德 著　阿黛 译

流浪猫战争——萌宠杀手的生态影响
彼得·P. 马拉 克里斯·桑泰拉 著　周玮 译

死亡区域——野生动物出没的地方
菲利普·林伯里 著　陈宇飞 吴倩 译

达芬奇的贝壳山和沃尔姆斯会议
斯蒂芬·杰·古尔德 著　傅强　张锋 译

新生命史——生命起源和演化的革命性解读
彼得·沃德 乔·克什维克 著　李虎　王春艳 译

蕨类植物的秘密生活
罗宾·C.莫兰 著　武玉东 蒋蕾 译

图提拉——一座新西兰羊场的故事
赫伯特·格思里-史密斯 著　许修棋 译

野性与温情——动物父母的自我修养
珍妮弗·L.沃多琳 著　李玉珊 译

吉尔伯特·怀特传——《塞耳彭博物志》背后的故事
理查德·梅比 著　余梦婷 译

稀有地球——为什么复杂生命在宇宙中如此罕见
彼得·沃德 唐纳德·布朗利 著　刘夙 译

寻找金丝雀树——关于一位科学家、一株柏树和一个不断变化的世界的故事
劳伦·E.奥克斯 著　李可欣 译

寻鲸记
菲利普·霍尔 著　傅临春 译

众神的怪兽——在历史和思想丛林里的食人动物
大卫·奎曼 著　刘炎林 译

人类为何奔跑——那些动物教会我的跑步和生活之道
贝恩德·海因里希 著　王金 译

寻径林间——关于蘑菇和悲伤
龙·利特·伍恩 著　傅力 译

编结茅香——来自印第安文明的古老智慧与植物的启迪
罗宾·沃尔·基默尔 著　侯畅 译

魔豆——大豆在美国的崛起
马修·罗思 著　刘夙 译

荒野之声——地球音乐的繁盛与寂灭
戴维·乔治·哈斯凯尔 著　熊姣 译

昔日的世界——地质学家眼中的美洲大陆
约翰·麦克菲 著　王清晨 译

寂静的石头——喜马拉雅科考随笔
乔治·夏勒 著　姚雪霏 陈翀 译

血缘——尼安德特人的生死、爱恨与艺术
丽贝卡·雷格·赛克斯 著　李小涛 译

苔藓森林
罗宾·沃尔·基默尔 著　孙才真 译　张力 审订

发现新物种——地球生命探索中的荣耀和疯狂
理查德·康尼夫 著　林强 译

年轮里的世界史
瓦莱丽·特鲁埃 著　许晨曦 安文玲 译

杂草、玫瑰与土拨鼠——花园如何教育了我
迈克尔·波伦 著　林庆新 马月 译

三叶虫——演化的见证者
理查德·福提 著　孙智新 译

寻找我们的鱼类祖先——四亿年前的演化之谜
萨曼莎·温伯格 著　卢静 译

鲜花人类学
杰克·古迪 著　刘夙 胡永红 译

聆听冰川——冒险、荒野和生命的故事
杰玛·沃德姆 著　姚雪霏等 译

岩上时光——深入群山的攀岩之旅
安娜·弗莱明 著　宋明蔚 译

驯狐记——西伯利亚的跳跃进化故事
李·阿兰·杜盖金　柳德米拉·特鲁特 著　孙思清 柯遵科 译

有罪的猪——稀奇古怪的动物法历史
凯蒂·巴尼特　杰里米·甘斯 著　邵逸 译

偷树贼——北美森林中的罪行与生计
林赛·布尔贡 著　张悠然 王艺颖 译

图书在版编目（CIP）数据

偷树贼：北美森林中的罪行与生计 /（美）林赛·布尔贡著；张悠然，王艺颖译. -- 北京：商务印书馆，2025. --（自然文库）. -- ISBN 978-7-100-24946-1

I. S76

中国国家版本馆 CIP 数据核字第 2025KC8263 号

权利保留，侵权必究。

本书地图系原文插图

自然文库
偷 树 贼
北美森林中的罪行与生计
〔美〕林赛·布尔贡 著
张悠然 王艺颖 译

商 务 印 书 馆 出 版
（北京王府井大街36号 邮政编码100710）
商 务 印 书 馆 发 行
北京新华印刷有限公司印刷
ISBN 978 – 7 – 100 – 24946 – 1
审图号：GS京（2025）0308号

2025年5月第1版	开本 880×1230 1/32
2025年5月北京第1次印刷	印张 8⅛ 插页 10

定价：68.00 元